高等院校艺术设计类基础课规划教材

包 装 设 计

高 媛 李宗尧 编 著

清华大学出版社
北 京

内 容 简 介

本书是一本系统介绍包装设计基本规律和方法的教材，主要包括包装设计概述、包装设计策略、包装设计方法、包装设计的立体要素、包装设计的平面要素、包装设计实践、包装设计制作实践七个部分。本书注重包装设计的功能性与艺术性的结合，深入分析与总结各种包装设计的设计思路和操作技能；同时，对基本概念进行清晰解读，将理论与实际紧密结合，通过大量的参考实例，生动形象地进行教学引导，坚持设计与市场相结合、理论与实践相结合的教学方针，以期准确有效地把学生培养成为实用型的设计人才。

本书既可作为平面设计、广告设计、视觉传达设计等专业的教学用书，也可作为相关设计者与爱好者的学习用书。

本书封面贴有清华大学出版社防伪标签，无标签者不得销售。
版权所有，侵权必究。举报：010-62782989，beiqinquan@tup.tsinghua.edu.cn。

图书在版编目(CIP)数据

包装设计/高媛，李宗尧编著.--北京：清华大学出版社，2015(2022.7重印)
(高等院校艺术设计类基础课规划教材)
ISBN 978-7-302-41264-9

Ⅰ.①包… Ⅱ.①高… ②李… Ⅲ.①包装设计—高等学校—教材 Ⅳ.①TB482

中国版本图书馆CIP数据核字(2015)第186378号

责任编辑：李春明
装帧设计：刘孝琼
责任校对：周剑云
责任印制：刘海龙

出版发行：清华大学出版社
网　　址：http://www.tup.com.cn, http://www.wqbook.com
地　　址：北京清华大学学研大厦A座　　邮　　编：100084
社 总 机：010-83470000　　邮　　购：010-62786544
投稿与读者服务：010-62776969, c-service@tup.tsinghua.edu.cn
质量反馈：010-62772015, zhiliang@tup.tsinghua.edu.cn
课件下载：http://www.tup.com.cn, 010-62791865

印 装 者：涿州汇美亿浓印刷有限公司
经　　销：全国新华书店
开　　本：190mm×260mm　　印　张：12.25　　字　数：295千字
版　　次：015年10月第1版　　印　次：2022年7月第5次印刷
定　　价：49.00元

产品编号：060353-02

Preface 前言

改革开放以来，中国包装工业发展迅猛，中国包装工业的总体产值从2003年的2806亿元增长至2013年的14 658亿元，年复合增长率约17.98%。经济的高速发展以及人民生活质量的提高，极大地推动了包装的发展水平，包装设计领域面临新的发展机遇。

从市场的角度来说，包装是营销利器，是产品转化为商品的必要环节，是与消费者沟通的媒介。从设计的角度来说，包装设计的过程涉及市场营销学、广告学、视觉传达、材料应用、计算机应用、印刷等不同专业的配合与协作。从教学的角度来说，包装设计是现代设计艺术的重要组成部分，是视觉传达的重要手段。包装设计已成为平面设计专业、广告设计专业、视觉传达设计专业以及相关设计学科学生必修的一门重要设计课程。它要求学生将所学的各种平面设计理论知识和设计方法综合运用到具体的设计实践中，是检验和提高学生专业设计基本知识和能力的重要途径和手段。包装设计是功能性与审美性的结合，要求设计者系统地、全面地掌握包装设计的理论及方法，具备先进的设计理念、清晰的设计思路、扎实的设计能力，能够将包装设计的基础知识和设计技能融会贯通，灵活应用于包装设计创意与制作中。

本书从现代设计教育的理念出发，立足学以致用的基本点，借鉴了一些出色的包装设计作品，并结合近年来国内外一些较精彩的设计案例，对包装设计的基本原理、设计技巧等进行了深入浅出的分析，力求做到理论与实践并重、普及与提高兼顾，着重于引导学生建立设计观念，明确包装设计与艺术创作的区别，摒弃盲目化、概念化和唯美主义化的思考模式，有意识地培养学生的市场观念，加深他们对包装视觉语言的认识，拓展他们的包装设计思维；使其掌握包装设计的规律与方法，在循序渐进的学习中逐渐提高包装设计的能力和技巧。

本书在内容总体安排上力图突出四个特点：一是突出包装设计的全面性、系统性；二是结合先进的包装设计理念和优秀的实例，体现现代包装设计发展的新趋势；三是强调包装设计的实用性；四是体现包装设计在设计中的重要位置。

本书由高媛和李宗尧共同编写。在编写过程中，参考和吸收了一些国内外专家的研究成果及包装实例，并选取了部分设计精品，但部分引用作品因难以查明出处而未能予以标注，在此谨向各位作者一并表示感谢。

限于编者的水平，谬误之处在所难免，恳请读者批评指正。

编 者

Contents 目录

第1章 包装设计概述 1

- 1.1 包装的定义及发展 4
  - 1.1.1 包装的定义 4
  - 1.1.2 包装设计 4
  - 1.1.3 包装的发展 5
- 1.2 包装的功能 7
  - 1.2.1 保护功能 7
  - 1.2.2 销售功能 9
  - 1.2.3 便利功能 9
- 1.3 包装的分类 11
  - 1.3.1 按包装材料分类 11
  - 1.3.2 按包装容器分类 11
  - 1.3.3 按包装技术分类 12
  - 1.3.4 按商品形态分类 12
  - 1.3.5 按包装产业分类 13
  - 1.3.6 按包装目的分类 13
  - 1.3.7 按商品档次分类 13
  - 1.3.8 按使用方式分类 13
- 1.4 包装材料分析 14
  - 1.4.1 纸基材料 14
  - 1.4.2 玻璃 17
  - 1.4.3 塑料 18
  - 1.4.4 金属 19
  - 1.4.5 复合材料 19

第2章 包装设计策略 21

- 2.1 品牌形象策略 23
- 2.2 包装更新策略 25
  - 2.2.1 剧变式 25
  - 2.2.2 改良式 25
  - 2.2.3 渐变式 26
- 2.3 绿色包装策略 27
  - 2.3.1 绿色包装材料策略 28
  - 2.3.2 减量包装策略 30
  - 2.3.3 复用包装策略 31
- 2.4 跨界设计与包装 32
- 2.5 包装促销策略 34
  - 2.5.1 便利性包装策略 34
  - 2.5.2 配套包装策略 35
  - 2.5.3 附赠品包装策略 36

第3章 包装设计方法 39

- 3.1 包装设计流程 43
  - 3.1.1 前期准备 43
  - 3.1.2 创意设计 44
  - 3.1.3 沟通修改 46
  - 3.1.4 制作完稿 46
  - 3.1.5 市场反馈 46
  - 3.1.6 整理归档 46
- 3.2 包装设计的定位 47
  - 3.2.1 品牌定位 47
  - 3.2.2 产品定位 47
  - 3.2.3 消费者定位 52
- 3.3 包装设计的创意 55
  - 3.3.1 直接展示 55
  - 3.3.2 联想 56
  - 3.3.3 比喻 57
  - 3.3.4 象征 57
  - 3.3.5 幽默 57
  - 3.3.6 夸张 58
  - 3.3.7 逆向思维 58

第4章 包装设计的立体要素 63

- 4.1 容器造型设计 66
  - 4.1.1 容器造型设计的原则 66
  - 4.1.2 容器造型设计的构思 68
  - 4.1.3 容器造型设计的步骤及方法 72
- 4.2 纸容器造型设计 74
  - 4.2.1 纸容器的基本形态 74
  - 4.2.2 纸盒的基本结构 75
  - 4.2.3 纸盒设计的基本要求 77

目录 / Contents

    4.2.4 纸盒的设计方法 78

第5章 包装设计的平面要素 89

5.1 包装图形设计 94
    5.1.1 包装图形的种类 94
    5.1.2 包装图形的表现形式 98
    5.1.3 包装图形的设计原则 100
5.2 包装色彩设计 101
    5.2.1 包装色彩的感性设计 101
    5.2.2 包装色彩的理性设计
           ——对比与调和 104
    5.2.3 包装色彩设计原则 105
5.3 包装文字设计 108
    5.3.1 包装文字的种类 109
    5.3.2 包装文字的设计应用 110
5.4 包装版式设计 113
    5.4.1 版式设计的设计方法 113

    5.4.2 版式设计的形式原理 115

第6章 包装设计实践 119

6.1 食品包装设计 124
6.2 化妆品包装设计 131
6.3 药品包装设计 136
6.4 礼品包装设计 140

第7章 包装设计制作实践 145

7.1 包装设计与计算机软件 154
    7.1.1 Adobe Photoshop 154
    7.1.2 Adobe Illustrator 155
7.2 实例解析包装设计制作 155

参考文献 188

第1章

包装设计概述

学习要点及目标

- 建立对包装设计的总体认识。
- 认识包装功能的重要性。

包装的定义及发展　　包装的功能　　包装的分类　　包装材料分析

创意汉堡外卖包装：Togo Burger

　　随着经济的高速发展,人们的生活水平不断提高,生活方式也随之不断改善。工作与生活节奏的加快促使外卖食品的迅速发展。人们在工作中、娱乐时通过外卖食品解决一日三餐已日益普遍,这就对外卖食品的包装提出了更高的要求。外卖食品的包装设计应充分考虑包装对于食物的保护性、对于消费者的便利性,包装的形式必须易于单手拿握;包装必须易于开启、密封、再打开;包装材料的选择应考虑环保需求。

　　快餐食品一直是消费者喜爱的外卖食品之一,如著名的麦当劳、肯德基等快餐企业的产品等。这些著名快餐企业非常重视外卖食品的包装设计,以汉堡套餐为例:通常包括汉堡、薯条和饮料。汉堡和薯条放入方底袋,饮料放入塑料袋中,这样,套餐就需要两个袋子,一个纸袋和一个塑料袋。消费者要不一手拿两个袋子,要不一手拿一个袋子,无论哪一种对于消费者来说都不够便利,也不利于食品的保护,如薯条在纸袋中会变得绵软,影响口感;饮料在塑料袋中容易泼溅,如果是热饮还有可能烫伤消费者。而且包装材料使用过多,有些浪费。针对这些问题,罗德岛设计学院的学生苏毕金(Seulbi Kim)设计了能将以上食品一次性打包回家的外带包装(Togo Burger)。Togo Burger是一个学生项目,用一个纸盒来装汉堡、薯条和饮料,不但能更方便地携带,而且相对于传统方式,用料能减少50%以上(见图1-1和图1-2)。这个折叠纸板盒,展开后是一张纸板,纸板中间部分的圆孔用来放置饮料,旁边的小孔放吸管,左边的纸框放汉堡,右边的插口放薯条盒。纸板的两端设计为手提式,操作简便并可单手提取,有效地减少了包装材料的使用。包装中的结构多采用别插式,减少了胶粘,提高了纸盒成形的效率,符合包装的环保要求,如图1-3~图1-12所示。

(资料来源:设计之家)

第1章　包装设计概述

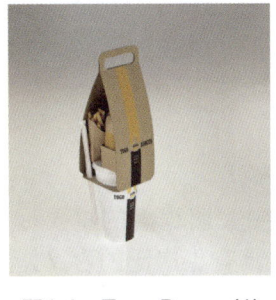
图1-1　Togo Burger(1)

图1-2　Togo Burger(2)

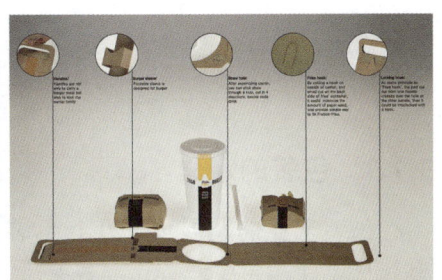
图1-3　Togo Burger使用示意(1)

图1-4　Togo Burger使用示意(2)

图1-5　Togo Burger使用示意(3)

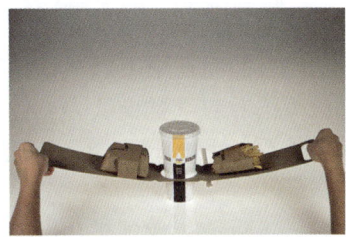
图1-6　Togo Burger使用示意(4)

图1-7　Togo Burger使用示意(5)

图1-8　Togo Burger使用示意(6)

图1-9　Togo Burger使用示意(7)

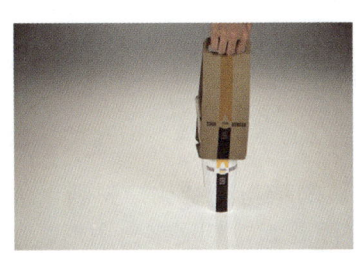
图1-10　Togo Burger使用示意(8)

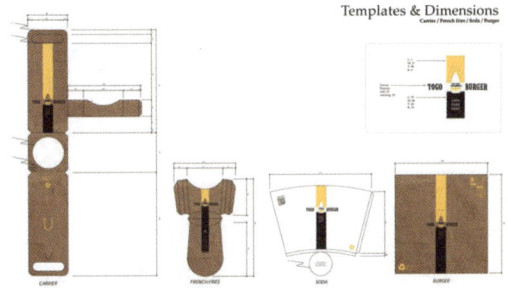
图1-11　包装展开图

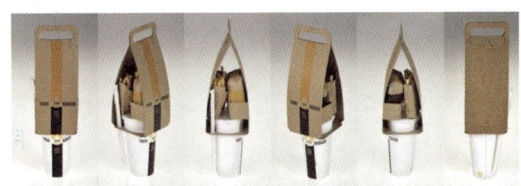
图1-12　不同角度的包装展示

1.1 包装的定义及发展

1.1.1 包装的定义

包装工业的发展水平及其包装设计研发理念是一个国家经济生活中文明程度的重要标志。从设计的角度理解,"包装"不仅是"包裹"与"装饰",同时还具有更广泛的含义,涉及不同的研究领域。以下是不同国家对包装的定义。

我国在国标GB 4122—83中明确表达了包装的定义:包装是为在流通中保护商品、方便储运、促进销售,按一定技术方法而采用的容器、材料及辅助物等的总体名称,也指为了达到上述目的而在采用容器、材料和辅助物的过程中施加一定技术方法等的操作活动。

美国对包装的定义是:包装是使用适合的材料、容器、配合适当的技术,使其能让产品安全地到达目的地,并以最佳的成本,便于商品的运输、配销、储存和销售而实施的准备工作。

日本包装工业规格JIS对包装的定义是:包装是使用适当的材料、容器等技术,便于物品的运输,保护物品的价值,保持物品原有形态的形式。

从以上定义可以看出,各国对"包装"的解释虽然不尽相同,但其共同点都是围绕着包装的基本职能来论述的:一方面是指包装商品所需要的材料,包括包装用的容器、辅助物等;另一方面是指在包装商品时所采取的活动,包括包装方法和包装技术等。作为技术与艺术的完美结合,包装也是美化生活和创造价值的手段。

1.1.2 包装设计

所谓设计,是指把一种计划、规划、设想、解决问题的方法,通过视觉的方式传达出来的活动过程。包装设计的核心内容包括三个方面。

1. 包装策略以及创意概念的制定

包装设计要满足人们生理与心理两方面的需求,策略的制定是设计方向正确的保证,创意的精彩决定了销售的成败。设计是解决问题,不是单纯的装饰与美化。

2. 视觉表现

视觉表现包括立体与平面两个要求。立体要素包括包装的造型、结构、材料、加工工艺等内容,在流通过程中为产品提供容纳与保护的功能;平面要素包括文字、图形、色彩、版式等内容。这些要素相互配合,将商品信息传达给消费者,使其对消费者产生视觉冲击效果,引起消费者注意,对它发生兴趣,进而采取购买行动,也就是借包装来提高产品在消费者心理上的价值感。视觉要素是将包装策略与创意概念具体地表现在包装上,主要功能是促进销售。

3. 制作与印刷

技术的发展为制作包装成品提供了可靠的保证,包装是综合多种要素而成,设计师应具备相关的技术知识与技能。

1.1.3 包装的发展

人类在很久以前就已将天然材料用于包装物品，他们充分利用自然界的资源，如用树叶包裹、把动物的角当作容器、用绳子捆扎等方法保存或贮藏物品，这些都是包装的原始形态，是人们在长期生活劳动中总结的智慧。

树叶是最简便的包装纸，柳宗元曾在诗中描写道："青箬裹盐归峒客，绿荷包饭趁墟人。"对此诗句，武汉大学尚永亮教授在《柳宗元诗文选评》一书中的释文为："山民们或用粽巴叶包起盐巴纷纷归去，或用绿荷叶裹着饭团来赶集。"这是对当时民间包装材料应用的真实写照。又如端午节的粽子，以箬叶扎以彩线包裹糯米形成独特的造型，流传至今，如图1-13所示。还有具有四百多年历史的竹壳茶，用竹壳包装成葫芦状，又称葫芦茶，如图1-14和图1-15所示。图1-16和图1-17是由稻草、麦秆、芦苇编成的绳子、篮子，在古老的包装中也都扮演过重要的角色。除此之外，还有中药丸、竹筒酒等，这些充分体现了劳动人民的聪明才智，既经济又美观的包装形式至今仍为广大群众所喜爱。随着商品经济的发展，这些包装形式已不适应大批量机械生产，但是其设计理念、制作方式、造型风格仍对今天的包装设计具有指导意义，如图1-18所示。

图1-13　粽子

图1-14　竹壳茶

图1-15　葫芦茶

图1-16　绳子

图1-17　篮子

图1-18　天然材料用于现代包装

随着人类文明的进步，陶器逐渐作为一种包装容器出现在日常生活中。我国新石器时代的陶器在外观上绘以人物、动物、植物、自然景物等形象或抽象的点、线、面几何纹样，呈现出既质朴又华丽的独特的装饰美感，如图1-19所示。到了商代，青铜器制造进入繁盛时期，其器型多种多样，风格浑厚凝重，花纹繁缛富丽，主要有炊器、食器、酒器、水器、乐器等，在世界艺术史上占有独特地位，如图1-20所示。中国是世界上最早发现并使用天然漆的国家。七千多年前的浙江余姚河姆渡原始文化遗址中已经出土了木胎涂漆(自然生漆)碗。漆器制作的礼盒是中国古代有名的礼品包装，如图1-21所示。

图1-19　陶器　　　　　　　图1-20　青铜器　　　　　　　图1-21　漆器

包装的发展是随着商品的流通和交换而不断变化进步的。商品社会以来，商家为了与其他商号相区别，在包装上出现了各种符号、图形、色彩、文字，使包装具备了广告功能。包装材料和技术工艺手段的发展直接推动了包装的发展。造纸术和印刷术的发明为商业包装的信息传达和装潢表现提供了有效手段。图1-22是我国现存最早的印刷品《金刚经》首页。

图1-22　《金刚经》首页

在中国历史博物馆藏有一块北宋时期"济南刘家功夫针铺"的印刷铜版，四寸见方，在细针的包装纸上印有白兔图形和"认门前白兔儿为记"等字样，如图1-23和图1-24所示。铜版图形鲜明，文字简洁易记，已经具备了现代包装的基本功能，尤其是体现出了明确的促销功能，是我国现存较早的商业包装设计资料。这类设计形式已广泛应用在各类包装上，如标有"经久耐用，包调回换""只此一家，别无分店"等字样，并配合相应的图案、色彩等。随着商品经济的发展，市场竞争加剧，包装的作用日益重要，已成为商业流通中的一个必要的媒介。

图1-23　印刷铜版(1)

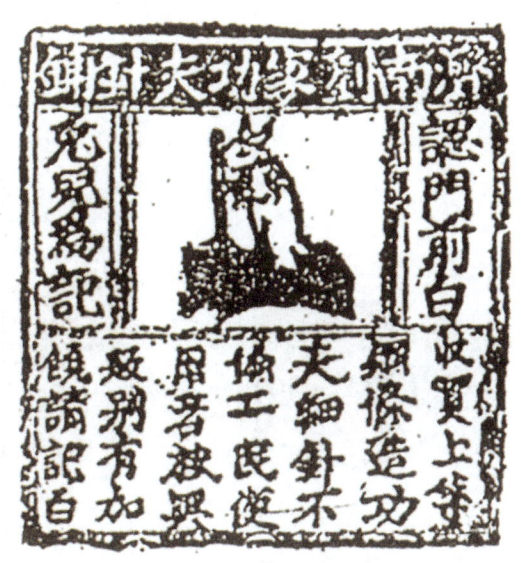

图1-24　印刷铜版(2)

包装的原始功能在于保护及容纳物品，随着时代的发展，市场范围的日益扩张，包装必然随着生产、交易及运输方式的发展变化而变化。

欧洲的商业文明则是从地中海沿岸展开的。随着科技的进步，特别是欧洲工业革命以后，生产技术的大幅提高，生产成本降低、交通运输的发展，有力地促进了市场消费。包装作为销售媒介被赋予新的使命。20世纪初，英美的商品市场逐渐由卖方市场转为买方市场，要求包装从材料的选择到结构、造型和装潢的设计都能促进商品的销售。

超级市场的出现使得包装的发展面临着新的挑战。"自我服务"的体系概念使包装包含的信息取代了以往的销售人员。包装必须具有自我推销的能力，它是市场营销的终端体现。

随着现代技术的进步和世界经济的发展，包装从原始意义上的"容纳""装饰"等功能提升到精神层面的享受，作为意识文化和经济活动的双重载体，包装的发展变革始终服务于人们的需求，并伴随着技术、市场、观念的发展而继续前进。

1.2　包装的功能

1.2.1　保护功能

保护功能是包装的最基本功能。商品在流通中会经历储存、运输、陈列、携带等多个环节，在这个过程中有可能受到外来的各种物理的、化学的、力学上的损害和影响。因此，包装必须能够有效地防止商品受到这些损害，降低损失，有效节约资源，提高经济效益。

不同类型的产品会有不同的要求，作为包装设计人员必须结合产品特性来进行有的放矢的设计。比如，易碎产品包装的防震保护功能，包装需要在材料和结构上要有一定的抗冲击能力和承重强度，如图1-25所示；食品或粉末状产品的包装应具有防潮功能，如图1-26所示；化妆品、药品、碳酸饮料和啤酒等产品应避免光照，啤酒瓶大多采用深色瓶就是为了减少光照程度,防止变质,如图1-27所示;对于某些贵重的商品包装,应考虑到封闭方法和开启方式,充分保护商品的安全性,具备防偷盗的功能,如图1-28和图1-29所示;有些食品、药品中的血浆、液态药剂等,与空气接触会加速产品的变质,这些产品往往采用密闭性好的材料或抽真空的方法来起到保存的作用,如图1-30和图1-31所示;还有酒类包装的防伪要求;电器类产品包装的防磁要求等。因此,包装的保护功能是包装设计成功的基础。

图1-25　易碎产品包装

图1-26　防潮产品包装

图1-27　避免光照产品包装

图1-28　防盗包装(1)

图1-29　防盗包装(2)

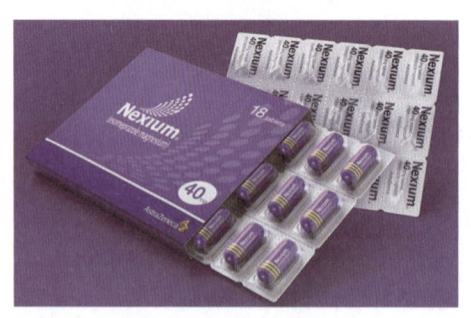

图1-30　密封药品包装

图1-31　真空包装

1.2.2 销售功能

图1-32是以顾客自选方式经营的大型综合性零售商场，又称自选商场。自选商场的出现促使包装具备"自我推销"的功能。包装是商品信息的载体之一，是消费者直接获得商品信息的媒介，包装已成为商品的组成部分，消费者会根据自身的生活经验对包装信息进行比较与判断。

在琳琅满目的销售市场，商场的货品码放基本上都是以商品类别进行的，这样不同商家的同一类产品就会同时出现在消费者面前。在商品同质化严重的今天，包装设计所传递的信息除了产品、品牌等形象外，还应该更多地分析消费者的消费模式和消费心理。据专家人士的分析，消费者的购买心理一般依次经历认知过程、情感过程和决策过程三个阶段。其中注意是认知的开始，也是整个购买心理过程的前提，注意又分为有意注意和无意注意。独特的包装可以从同类产品中脱颖而出，吸引消费者的视线和兴趣，使之产生购买的冲动。

包装的销售功能依赖于成功的包装定位与策略，文字、色彩、图形、版式、造型、材料、结构等要素都服务于这一主题，因此，在包装设计时，应首先对商品进行全面客观的剖析，了解目标消费者的需求，制定准确科学的销售策略，并艺术化地呈现，结合广告宣传，达到促进销售的目的，如图1-33所示。

图1-32 自选商场

图1-33 果汁包装设计

1.2.3 便利功能

包装的便利功能要体现在消费者选择、购买、使用该商品的各个环节。图1-34是鲜花、植物等商品，不适合封闭包装，要考虑携带时的便利性。在消费者首次使用商品时，首先要面对包装的开启，开启的便利性决定了包装的成功与否。像以往的铁皮罐头类食品包装的开启方式，有时需要借助螺丝刀和菜刀等工具，稍不小心会弄伤手，这种设计缺少人性关怀。现在许多罐头配上了开罐器，有的采用了便于开启的方式，如图1-35所示，这些都进一步体现了包装的便利功能。有些药品为了避免儿童的误食，其包装瓶盖设计为施加垂直压力下再旋转才能开启的方式，如图1-36所示，低龄儿童不会很容易地完成此类复杂的开启动作，在一定程度上保证了产品使用的安全。图1-37是不能一次性用完的商品，在开口处设计可以重复使用的开合方式，非常便利。图1-38是速溶咖啡包装，包装盒上采用一次性开启保证食品的安全，开启后的别插设计方便包装盒的重复使用，为消费者考虑得十分周全。

  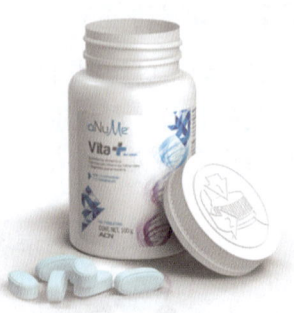

图1-34　便于携带的鲜花包装　　　图1-35　便于开启的罐头包装　　　图1-36　特殊开启的药瓶

图1-37　可重复使用的包装　　　　图1-38　一次性开启、重复使用的包装

　　包装的便利功能除了体现在对消费者的人文关怀上，还应该考虑包装流通中的其他环节。比如，在搬运、库存、保管过程中，包装的尺寸及形状是否能配合运输、堆码的机械设备；包装工序是否简单、易操作，空置包装能否拆叠、压平、码放以节省空间；包装可否便于回收再利用以降低成本；具有展示功能的包装，非专业的售货员能否操作正确等，如图1-39所示。

图1-39　便于成型的展示包装

　　成功的包装设计从生产、储运、销售、使用直到废弃回收，无论是哪个环节都应该让人感到包装所带来的便利。

1.3 包装的分类

随着经济的高速发展以及人民生活质量的提高,对于商品的多样化需求促使包装的设计形式具有多样性、复杂性和交叉性的特点。不同的商品对包装的材料、结构、工艺、形式提出了相应的要求,构成了包装的千姿百态。包装的分类方法很多,主要有以下几种。

1.3.1 按包装材料分类

按包装材料不同可分为纸质包装、木质包装、金属包装、塑料包装、玻璃包装、陶瓷包装、纤维制品包装、复合材料包装等,如图1-40~图1-47所示。

图1-40　纸质包装

图1-41　木质包装

图1-42　金属包装

图1-43　塑料包装

图1-44　玻璃包装

图1-45　陶瓷包装

图1-46　纤维制品包装

图1-47　复合材料包装

1.3.2 按包装容器分类

按包装容器不同可分为盒装包装、瓶装包装、罐装包装、袋装包装、桶装包装、捆扎包装、坛装包装、箱装包装等,如图1-48~图1-50所示。

  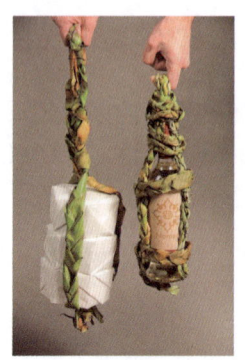

图1-48　盒装包装　　　　　图1-49　袋装包装　　　　　图1-50　捆扎包装

1.3.3　按包装技术分类

按包装技术不同可分为真空式、防震式、喷雾式、陈列式、防伪式、防盗式等，如图1-51和图1-52所示。

图1-50　防盗式包装　　　　　　　　　　　图1-52　喷雾式包装

1.3.4　按商品形态分类

按商品形态不同可分为液体包装、固体包装、粉粒包装等，如图1-53～图1-55所示。

图1-53　液体包装　　　　　图1-54　固体包装　　　　　图1-55　粉粒包装

1.3.5 按包装产业分类

按包装产业不同可分为工业品类包装、食品类包装、纺织品类包装、医药类包装、电器类包装、文化类包装等，如图1-56～图1-58所示。

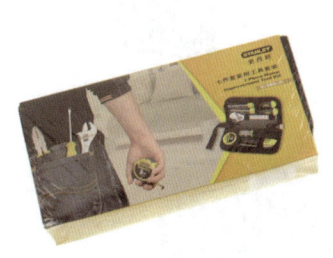

图1-56　工业品类包装

图1-57　纺织品类包装

图1-58　电器类包装

1.3.6 按包装目的分类

按包装目的不同可分为运输包装和销售包装。运输包装用来保障产品从生产者到销售者的流通过程中的安全，并便于装卸、储存保管和运输。销售包装是指传达商品信息，指导消费者消费的包装，如图1-59所示。

图1-59　销售包装

1.3.7 按商品档次分类

按商品档次不同可分为简易包装、普通包装、高档包装等，如图1-60和图1-61所示。

图1-60　普通包装

图1-61　高档包装

1.3.8 按使用方式分类

按使用方式不同可分为礼品包装、展示包装、一次性包装、可回收包装和复用型包装等，如图1-62～图1-66所示。

图1-62　礼品包装

图1-63　展示包装

图1-64　一次性包装

图1-65　可回收包装

图1-66　复用型包装

1.4　包装材料分析

包装材料是包装的物质基础,随着科技的不断发展,包装材料的种类也日益丰富。从传统的自然材料到现代的工业材料,从单一型材料到复合型材料,种类繁多。材料的使用原则始终以能满足包装功能的经济性、适用性为主。目前,在包装方面所使用的材料主要有纸材、玻璃、塑料、金属、复合材料等几大类。

1.4.1　纸基材料

纸基材料目前是在包装行业中应用最为广泛的一种材料,它具有很强的可塑性,加工方便、成本经济,适合大批量机械化生产,而且成型性和折叠性好,材料本身也适于精美印刷。几十年来,纸在包装上的发展更是突飞猛进,纸包装的大规模应用是包装现代化的起点。

1. 纸和纸板的种类

1) 铜版纸

铜版纸又称涂料纸,是一种特殊的纸品。铜版纸的特点是表面强度高,平滑度高且光泽感强,对印刷的油墨有较大的拉力,适合多种印刷工艺,广泛应用于商品包装用纸。

2) 亚粉纸

亚粉纸的正式名称为无光铜版纸,在日光下观察,与铜版纸相比,不太反光。用亚粉纸印刷的包装比铜版纸更细腻,更高档,但是色彩没有铜版纸鲜艳。

3) 白卡纸

白卡纸是一种坚挺厚实、定量较大的厚纸。在国内市场上,包装用白卡纸的需求量很大,如图1-67所示。

图1-67　白卡纸包装

4) 玻璃纸

玻璃纸是一种是以棉浆、木浆等天然纤维为原料,用胶黏法制成的薄膜。它透明、无毒无味。其分子链存在着一种奇妙的微透气性,可以让商品像鸡蛋透过蛋皮上的微孔一样进行呼吸,这对商品的保鲜和保存活性十分有利;对油性、碱性和有机溶剂有强劲的阻力;不产生静电,不自吸灰尘;因用天然纤维制成,在垃圾中能吸水而被分解,不至于造成环境污染。广泛应用于商品的内衬纸和装饰性包装用纸。它的透明性使人对内装商品一目了然,又具有防潮、不透水、不透气、可热封等性能,对商品起到良好的保护作用。与普通塑料膜相比,它具有不带静电、防尘、扭结性好等优点。玻璃纸有白色、彩色等,可做半透膜。

5) 环保纸

环保纸是利用回收的废纸,经过适当的处理之后重新又抄造的纸张。充分利用资源,保护生态环境,使用环保纸是绿色包装设计的重要发展方向,如图1-68所示。

图1-68 环保纸包装

6) 特种纸

特种工艺纸是具有特殊用途的、产量比较小的纸张。它种类繁多，是各种特殊用途纸或艺术纸的统称。特种工艺纸应用于商品包装，能够更好地丰富视觉效果，如图1-69所示。

7) 瓦楞原纸

瓦楞原纸的性能与含水量有关，超过标准则不吃胶、不黏合、不起楞，起不到支撑作用；水分低于8%，则压楞时易出现断裂。压制瓦楞也可分为单面瓦楞、双面瓦楞和多层瓦楞。就瓦楞的形态而言也被称为"A"形、"U"形瓦楞。用于体量较大商品或有特殊要求(如防震等)商品的包装容器和辅助材料设计。由瓦楞纸板制成的包装容器对商品具有美化和保护的性能和优点，因此成为经久不衰的制作包装容器的主要材料之一，如图1-70所示。

图1-69 特种纸包装

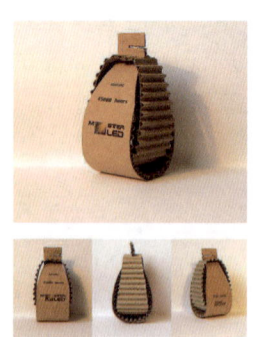

图1-70 瓦楞纸包装

2．纸的规格

1) 全开纸

全开纸又称为全张纸。尺寸规格为800 mm×1230 mm、900 mm×1280 mm、1000 mm×1400 mm、690 mm×960 mm。纸张幅面允许的偏差为±3 mm。我国的全开纸的正品尺寸为787 mm×1092 mm。

2) 开型

开型指纸张的裁切方式，称为开(K)。全开纸未经裁切，称为1开，沿中线一分为二裁成两个面积相等的两张纸称为2开或对开，以此类推，可裁切为4、8、16、32、64等多种开数，如图1-71所示。

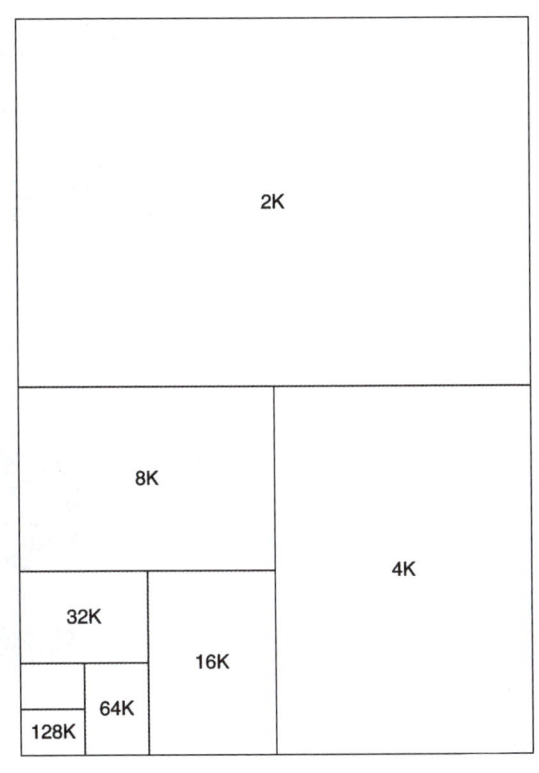

图1-71　纸张开型

3) 重量

纸张的重量以克重来表示，是以每平方米的重量计算。克重越大，纸张越厚，挺括性能就越好。常用的纸张定量有50 g/m²、60 g/m²、70 g/m²、80 g/m²、100 g/m²、128 g/m²、150 g/m²等。

令是批量的纸张的总重量，单位是kg。1令纸为500张，每张纸的大小为全张纸或全开纸。

1.4.2　玻璃

大约在公元前16世纪，古埃及人已经能够用玻璃制成各种瓶子，公元前1世纪，古罗马人借鉴古埃及及腓尼基等地区优秀的玻璃工艺传统，发展了玻璃熔制工艺并制成了透明玻璃，还用吹管吹制各种形状的玻璃容器。到了18世纪后期，玻璃的制造在意大利、英国已非常进步。我国战国时期的玻璃装饰剑柄等先秦文物,也证明在3000多年前中国已有玻璃制造工艺。随着加工工艺的进步,玻璃容器的造型日益多样化,主要的造型形式有瓶、罐、钵、管等。

玻璃具有透明或半透明、质地坚硬、性能稳定、抗腐蚀性的特点,与大多数化学品接触都不会发生材料性质的变化。从容器造型设计的角度来看,玻璃具有很强的可塑性,在色彩、形状、透明度及肌理等方面都可展开创意。另外玻璃还可以反复使用,可广泛应用于食品、油、酒类、饮料、调味品、化妆品以及液态化工产品等包装,是现代包装设计中的重要材料之一,如图1-72～图1-75所示。

图1-72　食品包装

图1-73　香水包装

图1-74　酒包装

图1-75　调味品包装

设计师应该与加工单位建立密切联系,提前了解加工单位的工艺水平,以及相关的标准化数据,保证设计与生产环节的有效衔接。

1.4.3　塑料

根据美国材料试验协会所下的定义:塑料乃是一种以高分子量有机物质为主要成分的材料,它在加工完成时呈现固态形状;在制造以及加工过程中,可以借流动来造型。自从20世纪初问世以来,塑料已成为除了纸材之外,应用最广泛、最经济的包装材料。像聚乙烯(PE)、聚氯乙烯(PVC)、聚丙烯(PP)、聚酯树脂(PET)等在包装材料体系中就占有相当大的比重。塑料具有良好的防水防潮性、耐油性、透明性、耐寒性、耐药性,而且成本低,加工时因其质量轻、可着色、易加工、耐化学性等特点,可以塑造成多种形状,还可以进行包装印刷。所以,从工业设计到包装设计曾涌现过所谓的"塑料设计"的潮流,如图1-76和图1-77所示。

图1-76　塑料包装(1)

图1-77　塑料包装(2)

我国市场上塑料包装在包装产业总产值中的比例已超过30%，成为包装产业中的生力军，在食品、饮料、日用品及工农业生产各个领域发挥着不可替代的作用。塑料包装行业未来主要呈现三大发展趋势：一是塑料包装将走向绿色化，塑料包装废弃物引起了社会的广泛关注；二是加强塑料包装的科学管理和利用，最大限度地对废弃塑料进行回收利用；三是逐步开发、利用可降解塑料。在国内，可降解塑料得到较大发展，大力开发、推广使用可降解塑料乃是当务之急。

1.4.4　金属

金属也是最早用于包装的材料之一。我国可以追溯到商周的青铜器、战国的铁器时代。在欧洲，19世纪初期金属开始得到应用，最初是为了满足军队远征时长期保存食物的需要。金属包装包括铁、铝、锡、不锈钢等金属原料制成的外包装或包装容器。它可以隔绝空气、光线、水汽的进入和香气的散出，密闭性好，抗撞击，可以长时间保存食品。并且，随着印铁技术的发展，金属包装的外观也越来越漂亮，如图1-78所示。

铝材用于包装的历史较铁皮要晚一些。1959年铝罐应用于啤酒的商业包装上，1963年发明了金属听罐"易拉"的开启形式，自此，铝制包装大为流行。铝制包装罐易回收，可重复使用，是至今仍然流行的包装形式，如图1-79所示。

图1-78　铁制包装

图1-79　铝制包装

1.4.5　复合材料

复合材料是两种或两种以上材料，经过一次或多次复合工艺而组合在一起，从而构成一定功能的复合材料。一般可分为基层、功能层和热封层。目前，以纸、塑料等为基材，与金属、聚氯乙烯(PVC)、拉伸性的聚丙烯(OPP)等材料合成新的包装材料，既轻便，便于印刷、折叠、裁切，又强化了包装和容器的密封、隔潮等功能。

如今，复合材料已广泛应用于各种产品的包装上。例如，单体塑料材料和多层塑料复合材料常用于酸奶包装，如图1-80所示。

图1-80　复合材料包装

掌握包装的定义、了解包装的发展，是学习包装设计的基础，认知包装的功能是做好设计的前提。材料是包装的物质基础，正确掌握材料的性能，设计才能有的放矢。

1．阐述包装设计的现代概念。
2．组织超市调研，从包装的分类、材料等角度对包装进行一定的分类研究。

实训课题：选取一件优秀的包装设计作品进行包装功能的分析与学习。
(1) 内容：针对优秀包装设计作品进行分析总结，深刻理解包装的功能。
(2) 要求：选取一件优秀的包装设计作品，从包装的保护功能、销售功能、便利功能三个方面展开分析，加深对包装功能的理解。写出该包装的功能设计的长处与短处，并结合自身经验提出改进的建议，要求内容全面翔实，不少于1500字。

第 2 章

包装设计策略

包装设计

学习要点及目标

- 掌握每种策略的内涵。
- 了解包装策略的准确性。

品牌形象策略　更新策略　绿色包装策略　跨界设计与包装　促销策略

SEMPRE香水包装设计

SEMPRE香水是耐克斯特公司推出的一款新产品。耐克斯特公司是英国新潮产品的连锁企业，瞄准高档消费市场，深受24～30岁职业女性的青睐。该公司意在向顾客推出一整套新款产品，SEMPRE香水是这个系列产品之一。

在化妆品和香水市场为国际名牌所支配的情况下，一种新的香水必须具有视觉上的独立性。如果它与其相竞争的产品看上去过分相似，就会被当作仿制品而遭人遗弃。耐克斯特公司的目标消费者都是品位高雅，眼力不俗，善于在相互竞争的产品中做出选择的买家。公司早先的香水产品包装规整，近乎单调，缺乏吸引力。设计师意识到他们必须在冷静的顾客面前树立一个鲜明的、独立的形象。由于时间紧迫，他们采用了原有的瓶子包装，没什么新意，是不得已而为之。外包装是洁白的圆角纸盒，底板嵌入纸盒底部托住香水瓶。设计师选择将品牌名称"SEMPRE"（"Sempre"在意大利语中意为"永远"）压在包装盒的边缘，品牌名称的字母排列横贯整个包装盒面，如果在不太大的包装盒面采用凸版印刷，品牌名称会因为字体较小而不够清晰，而采用凹版压印则效果明显改善(凹版压印不用油墨，是将字体凹入印刷品表面，使版面隆起来形成立体效果)，如图2-1所示。包装盒和香水瓶上的品牌名称都采用无衬线字体，香水瓶上印刷字体的精心排列弥补了这一不足，如图2-2所示。包装的独特之处是装饰在包装盒顶端的十分醒目的白色蝴蝶结。蝴蝶结用拆散的中圆纸绳制成。它的作用是吸收光线，而不是像花束上或巧克力糖盒上的彩带那样耀人眼目。它粗糙的外形正好与朴素大方的设计相配，如图2-3所示。

这些要素的结合——朴素而又精致的包装盒上印制淡雅的品牌名称和那用普通材料制作但又不失典雅华贵之气的蝴蝶结使SEMPRE香水包装设计大获成功。这一新款香水产品一上市便备受青睐，马到成功，这与包装设计师们的巧妙构思和努力是分不开的，如图2-4所示。

(资料来源：康韦•劳埃德•摩根.包装设计实务[M].李斯耳，赵君译.合肥：安徽科学技术出版社，1999.)

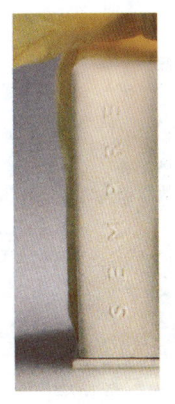
图2-1　凹版压印字体

图2-2　香水瓶上的印刷字体

图2-3　包装盒的蝴蝶结

图2-4　SEMPRE香水的整体包装

2.1　品牌形象策略

　　美国市场营销协会对品牌的定义如下：品牌是一种名称、术语、标记、符号或设计，或是它们的组合运用，其目的是借以辨认某个销售者或某群销售者的产品或服务，并使之同竞争对手的产品和服务区分开来。从本质上说，通过一个品牌能够辨别出销售者或制造者。一个品牌往往是一个更为复杂的符号标志，它能表达出六层意思：属性、利益、价值、文化、个性和使用者。消费者通过对产品的使用经验，也可形成对品牌独特的定义。

　　包装作为品牌形象系统的重要组成部分，成为企业与社会、商品与消费者认知的媒介。在这个系统中，"品牌识别"(Brand Identity)或"产品识别"(Product Identity)的概念更加突出包装和产品的形象。无论是品牌形象还是企业形象，都需要适时调整更新和不断发展，包装设计为形象概念的展现提供了广阔的空间。

　　品牌的视觉形象包括标志、标准字、标准色、辅助图形等元素，品牌形象包装策略就是充分运用这些元素，使消费者快速识别该产品，唤起品牌记忆，引导购买，如图2-5～图2-7所示。

包装设计

图2-5　品牌形象包装(1)

图2-6　品牌形象包装(2)

图2-7　品牌形象包装(3)

运用这种策略最成功的就是风行全球125年的可口可乐公司，它是全世界最大的饮料公司，也是软饮料销售市场的领袖和先锋。目前，几乎全球的消费者对可口可乐的熟识都是通过四个核心要素(见图2-8)完成的：①Coca-Cola的斯宾塞体标准字形；②与白色字体形成强劲对比的红色标准色；③流动的水线——标准图形；④独特的可乐瓶形。可口可乐的视觉形象深入人心，在特定范围内，消费者往往凭借色彩与瓶型就能一眼识别出可口可乐产品。可口可乐不仅精心维护着品牌视觉形象，而且还通过包装设计不断丰富和提升品牌内涵。如由可口可乐新加坡公司和奥美广告联合推出这款创意包装设计，如图2-9～图2-12所示，将普通的易拉罐设计成了两段，并且都是独立可以拆分的。轻轻扭一扭，一秒钟变出两罐可乐。你一半，我一半，你是我的另一半。可口可乐通过包装传递"分享是一种美德"的理念，好东西要和他人分享是我们从小被教育的相处之道，无论是亲人之间、朋友之间、爱人之间、又或者只是陌生人。时刻抱有分享的心去对待，即给予了他人又善待了自己。可口可乐通过包装传递这个理念，赢得了市场，更赢得人心。

图2-8　可口可乐包装的核心四要素

图2-9　两段式设计

图2-10　可拆分成两罐

图2-11　包装反映理念

图2-12　包装传播理念

2.2　包装更新策略

包装设计任务一般会有两种情况：一是为新产品的上市进行包装设计；二是对原有包装的改进或重新设计。根据广告螺旋理论的主要论点：产品在发展的各个阶段都要面临着同一类型产品的竞争，很多产品都要保持投入不断的关注，在产品的竞争阶段至保持阶段进行包装设计的更新。

包装设计的更新方式一般有三种。

2.2.1　剧变式

剧变式，是指彻底改变原来的包装设计，以一个全新的视觉形象展现在消费者面前。如2012年蒙牛包装进行更新。图2-13是老包装、图2-14是新包装。这是蒙牛集团成立13年来首次大规模地改换形象，首批更换新包装的产品包括纯牛奶与基础功能奶两大品类，整体包装设计以"奶滴"为视觉中心，象征着蒙牛"从点滴做起"的思维转变。关注牛奶的点滴品质，更关注人们的点滴健康、点滴成长、点滴快乐……，以及每一个点滴带来的内心幸福感，"只为点滴幸福"，这就是蒙牛对消费者的承诺。

图2-13　蒙牛老包装

图2-14　蒙牛新包装

2.2.2　改良式

在原有包装的基础上，进行合理的设计改变，为消费者带来熟悉又新鲜的视觉形象。作为顶级矿泉水品牌之一，依云矿泉水(Evian)普通装包装从1999年开始使用，十几年而从未更换过。2013年，依云在北美市场推出全新包装。去掉了瓶身纹路和粉色的背景，简洁透明的新瓶身将经典的阿尔卑斯山脉图案衬托得更为纯净。图2-15是老包装、图2-16是新包装。

图2-15　依云矿泉水老包装　　　　　　　　图2-16　依云矿泉水新包装

2.2.3　渐变式

根据市场、理念、材料等因素的变化与进步，对原有的包装设计进行相应的改进，这种变化十分微小、不易察觉，整体视觉效果保持着与时代同步的美感。可口可乐在全球几乎每经历几年就会对视觉识别系统和包装设计进行修改和更新，以此来适应不断变化的市场口味，如图2-17～图2-19所示。这种变化保持着一种渐进的尺度，在革新的同时审慎地保留先前积累的品牌资产，使视觉识别系统的演变路径呈现出优美的过渡，没有断裂和跳跃。如今的可口可乐品牌价值在500亿美元左右，它给予消费者的已经超越了一瓶汽水那么简单的含义，里面有品牌和文化及艺术的价值。

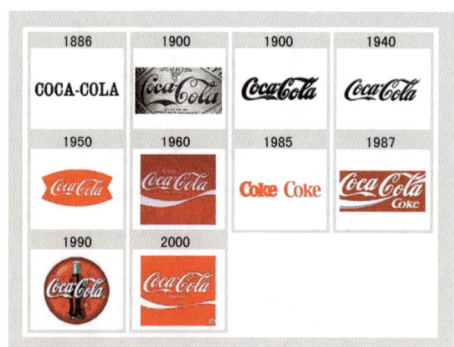

图2-17　可口可乐包装文字标签的演变　　　　图2-18　可口可乐瓶装的演变

图2-19　可口可乐的包装品类

案例2-1

EUDERMINE红色蜜露

日本著名的化妆品品牌资生堂旗下的"EUDERMINE红色蜜露",自1897年发售至今已历经100多年,其配方不断改进,包装也不断革新,如图2-20所示。EUDERMINE红色蜜露1897年的创始经典版,瓶身为纯手工打造,精致优雅的瓶身设计,形似当时上流社会仕女的裙摆,也像高级香水瓶,晶莹剔透、复古典雅。经过一代又一代的传承,1997年资生堂在红色蜜露诞辰100年之际,聘请法国艺术大师Serge Lutens将"红色蜜露"美的理念融入设计。包装设计具有建筑立体轮廓,完成了现代的、优美的华丽变身,如图2-21所示。有意思的是,资生堂欢庆140周年,推出EUDERMINE红色蜜露创始瓶经典复刻版,即Eudermine Revitalizing Essence在1897年上市时的原始包装版,该包装再次获得消费者的青睐。

图2-20　EUDERMINE红色蜜露包装瓶身的演变

图2-21　红色蜜露诞辰100年包装设计

2.3　绿色包装策略

绿色包装又称为无公害包装和环境之友包装,指对生态环境和人类健康无害,能够重复使用和再生,符合可持续发展的包装,如图2-22所示。绿色包装是在传统包装设计的模式下发展起来的新理念,包括生产过程中包装材料的无害化、作为垃圾的包装回收再生利用的可能性,能够用最少最简的材料通过设计满足包装功能的最大化,以及如何重复使用包装等。

图2-22 绿色包装

2.3.1 绿色包装材料策略

包装材料的绿色策略是指在生产、制造、使用和回收的包装物中，对人体健康无害，对生态环境有良好保护作用和回收再用的包装材料，如图2-23～图2-25所示。以食品加工业为例，市面上的绿色包装材料有很多种，大体上可以分为重复再用和再生的包装材料、可食性包装材料、可降解材料和纸材料。事实上，我国的可食性包装早已应用于实际生活中。例如：蜡、油、明胶等涂覆在食品、水果表层，可有效减缓水分流失，延长货架期；糖果、糕点外层包覆的糯米纸，由番薯、玉米或小麦粉等淀粉做成，入口即化，用来防止与外层包装粘连；冰激凌甜筒的玉米烘焙包装、香肠肠衣等均是典型的可食用包装。另外，纸包装一直是包装行业的主要材料之一，近年来随着绿色环保意识的发展，纸包装的环保性能直接将其发展成为包装市场的最热门的包装材料。例如，婴幼儿奶粉的纸盒包装早已成为当今欧洲市场中的主流，主要由于在欧洲节能环保的概念已深入人心。纸盒包装不但节约了资源，而且纸盒可以循环利用。就连纸盒上的油墨都可以很快分解。所以，商品的包装都以简约为设计元素。奶粉用盒装的另一个原因是奶粉暴露的时间少，营养流失少。因为罐装每打开一次，奶粉就暴露一次。盒装一般里面还分几个小袋，里面充满了保护气体，自然保存得要好些。目前，纸盒、纸箱、纸袋、纸桶等已成为现代包装工业的重要组成部分，广泛用于包装。

图2-23 绿色包装材料(1)

图2-24 绿色包装材料(2)

图2-25 绿色包装材料(3)

案例2-2

玫琳凯首次应用可降解包装

2007年,位于美国达拉斯的玫琳凯总部启用环保可降解生物材料作为填充物材料,与此同时,玫琳凯中国也开始规划采购同样的材料。玫琳凯大中国区总裁麦予甫说,由于环保可降解生物材料成本过高,一般只用于保护精密仪器和古董,在国内几乎没有能够提供化妆品环保填充材料的供应商,如何在中国市场环境下实现绿色采购,成为他们面临的挑战。

玫琳凯中国采购部、物流部和华丽环保科技共同经过近一年的摸索,制订出针对填充物生产设备的整体改造方案,特别研制了一款发泡机用于生产,该机器使得材料母粒能够产出适合玫琳凯订单箱需要的形状,并且使得每立方的成本与传统塑料持平。这类填充物相比于聚苯乙烯发泡以及纸类填充物,有效降低产品破损率超过50%,相当于产品零售价值150万元/年。同时,由于产品破损率的降低,客户对产品退换与投诉也相应减少,从而提升了客户满意度,据统计,2013年玫琳凯的客户满意度由97%上升到99%。传统填充物,如聚苯乙烯发泡制品,是以塑料为原料从石油中提取的,而玫琳凯所选用的生物降解材料是由玉米淀粉加工中产生的废料制成,在加工生产过程中没有"三废"排放。该材料在使用后可完全生物降解,降解后的堆肥土壤还有利于种植农作物。自2010年9月开始使用生物降解材料,4年来玫琳凯应用该材料约18 560吨,相比之前的材料,减少碳排放近74 240吨。

(资料来源:中国包装网)

案例2-3

潘婷成为业内植物塑料包装的先行者

"以甘蔗为原料的塑料包装与我们自然洗护系列产品理念相辅相成,符合消费者追求自然的理念,并且用可持续发展的方式表达出来。"Hanneke Faber宝洁全球副总裁兼潘婷全球品牌负责人说。据悉,这项植物包装包含了由甘蔗衍生制成的塑料,将减少70%化石燃料的使用。宝洁的长期目标是将它旗下所有的产品线都推进使用100%可再生材料,如图2-26所示。

随着环境保护越来越被大家重视,环保已经成为人类日常生活中的一部分,更是企业发展过程中不可缺少的部分。包装作为化妆品的重要组成部分,亦受到各大化妆品公司的密切关注。从世界范围来看,化妆品正开始包装材料的革命。

图2-26　潘婷的可再生材料包装

(资料来源：中国包装网)

2.3.2　减量包装策略

减量包装策略即反对过度包装。过度包装(Over Package)主要体现在以下几个方面：一是材料过度；二是结构过度，包装体积过大，与产品大小不相符，或包装层数过多，一件产品无意义地分为大包装、中包装、小包装；三是印刷工艺过度，大量使用特种工艺、烫金、覆膜等工艺，这些都会导致商品价格的提高，侵害消费者的利益，对环境造成无法避免的危害。针对上述问题，减量包装策略体现在具体设计中就是合理利用包装材料，做到少而简，如图2-27所示。图2-28和图2-29是标签式设计和单色印刷的减量策略。

图2-27　减量包装　　　　图2-28　标签式设计的减量策略　　　　图2-29　单色印刷的减量策略

案例2-4

康乐保公司包装变更

康乐保公司是全球第一家生产造口护理用品的专业公司，1957年成立于丹麦，公司总部位于丹麦首都哥本哈根，并于1985年在哥本哈根证券交易所上市，如图2-30所示。数十年来，康乐保公司本着"提高用户生活质量"的宗旨，一直致力于护理用品的研发和生产，而且还将"环境保护"这一信念作为公司的宗旨。

康乐保公司在2010年10月21日通过公司网站宣布："……所有康乐保包装盒最近将要使用同样的外观,这将可以使您更轻松地看到我们所有的产品都来自同一家公司。而且,新包装更加环保。具体的变更包括:①用白色纸盒取代全彩色纸盒,公司每年将减少7万吨墨水的使用;②减少包装盒的重量(在不危害包装稳定性的前提下),预计我们每年将减少750万吨纸的使用。改变包装是一个复杂的过程,我们将等旧材料用完后再逐步更换,这样能尽量减少废料,并减少对环境的影响。"……"更改包装不会改变我们的产品价格和质量。说明书都从彩色变成黑白色的。标签将保持现有颜色不变,使用现有的彩色编码,康乐保标识将更加明显。一些用于造口产品的盒子现在可以侧面开口了,同时也可以在上方打开。很多造口护理护士要求能侧面打开盒子,这样当产品整盒放在架子上时,更容易拿出产品。我们很高兴新的包装能满足他们的这一要求。"新包装如图2-31所示。

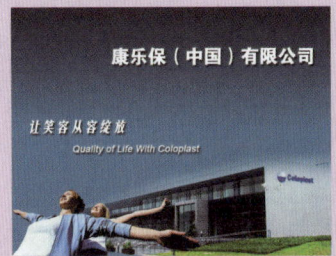
图2-30　康乐保(中国)有限公司

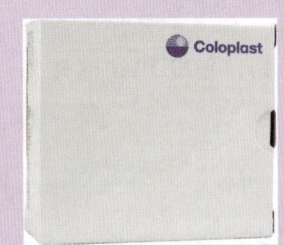
图2-31　康乐保公司产品新包装

从这个案例我们看到康乐保包装每一个细节的变更都建立在满足功能需求、保护环境的立场上,这种信念值得推广与学习。

(资料来源:康乐保官网)

2.3.3　复用包装策略

复用包装策略又称多用途包装策略。包装在完成保护商品、方便储运、促进销售的功能后,还可以作为其他用途,以达到变废为宝的目的。在包装设计时,要考虑到再利用的特点,以保证再利用的可能性、实用性和方便性。例如,图2-32是将灯泡的包装可以变身为灯罩;图2-33是纺织品材料的包装,当完成包装功能后还可以用于储物;图2-34中的包装通过结构的改变,由包装盒变为衣架,将使用价值最大化。

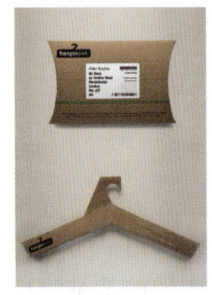

图2-32　可变为灯罩的灯泡包装　　图2-33　可用于储物的纺织品材料的包装　　图2-34　可变为衣架的包装盒

案例2-5

纸盒反转再利用 环保艺术爱地球——NARUKO环保包装创意

由知名美容专家牛尔先生联手品牌艺术总监林俏乐秉承"环保爱地球"的精神，合作完成NARUKO茶树抗痘粉刺调理系列的包装设计，如图2-35~图2-37所示。这套系列包装贯彻环保理念，纸盒采用内外双面印刷，外面是商品信息，里面设计成美丽的图案，当包装完成保护功能、销售功能、便利功能之后，消费者可根据提示，将纸盒展开、反转，重新折成笔筒、抽屉、名片盒等实用收纳盒，成功地实现了包装的复用概念。同时，纸盒设计成五折盒，不需要多出一道粘贴程序，也不需要使用到任何黏着原料，当消费者打开包装时就是一张整纸，既环保又便利。这套纸盒反转再利用设计获得2014年IPDA国际包装设计大奖——最佳开架脸部保养商品包装设计殊荣。

图2-35 纸盒可重新折成笔筒

图2-36 纸盒上的复用提示　　　　图2-37 无须粘贴的五折盒

2.4 跨界设计与包装

跨界设计是近年来非常流行的一种组合的营销方式，两个不同领域的企业强强联手，让原本不相干的元素互相渗透，合力开拓1+1>2的市场，收益倍增。这种合作已不鲜见，最有代表性的就是可口可乐，可口可乐联合众多知名品牌推出纪念版包装，让这家已经超过百年的老店依旧在饮料界大放异彩。图2-38是与香奈儿(Chanel)的设计总监卡尔•拉格斐(Karl

Lagerfeld)合作推出的健怡可口可乐限量版,瓶身上是Karl Lagerfeld的标志性的侧身造型和他的签名;图2-39是由MWM graphics跟attik合作推出的可口可乐伦敦奥运纪念瓶;图2-40是与法国著名的电音双人组合"愚蠢朋克"(Daft Punk)联手推出的金、银两款限量版曲线瓶等。

图2-38　健怡可口可乐限量版

图2-39　可口可乐伦敦奥运纪念瓶

图2-40　可口可乐限量版曲线瓶

案例2-6

依云天然矿泉水跨界合作纪念瓶

作为顶级矿泉水品牌之一,依云矿泉水(Evian)除了纯净的品质之外,向来与设计有着不解之缘,依云矿泉水每年都会与国际知名设计大师跨界合作推出一款纪念限量版的矿泉水瓶,在依云经典瓶型的基础上,绘制设计大师独具特色的代表图形与色彩;将健康的生活态度与时尚的视觉体现完美融合,如图2-41所示。

图2-41　依云矿泉水纪念瓶

2008年,依云与巴黎时装大师克里斯汀·拉克鲁瓦(Christian Lacroix)合作,推出"云裳瓶"。

2009年,依云与让·保罗·高提耶(Jean-Paul Gaulatier)合作,推出"云海瓶"。

2010年,依云又与创意十足的英国时装设计大师保罗·史密斯(Paul Smith)携手合作,推出"云彩瓶"。

2011年,依云与三宅一生(Issey Miyake)跨界联手,共同打造"云馨瓶"。

> 2012年，依云盛邀法国未来主义库雷热时尚工作室(Courrèges Fashion House)为其操刀设计，特别创意呈制活力粉亮的"依云X活希源"限量版纪念瓶——云蔻瓶。
> 2013年，依云携手美国时装设计协会(CFDA)主席，顶级时尚品牌DVF的创始人、女性设计师黛安•冯芙丝汀宝(Diane von Furstenberg)推出依云&DVF限量版纪念瓶"云沁瓶"。
> 2014年，依云携手备受国际时尚圈关注的天才设计师艾莉•萨博(Elie Saab)推出2014限量版纪念瓶"云缦瓶"。

2.5　包装促销策略

商家给予消费者产品以外的利益或便利，如附有赠品、相关产品的配套销售、能够提供便利的包装设计等都是赢得消费者好感并促进销售的包装策略。

2.5.1　便利性包装策略

便利性包装策略是从消费者的角度出发，研究消费者的购买使用过程，了解消费者的需求、习惯和期望，在包装设计中充分考虑这一因素，提供真正的便利，以赢得消费者的信赖。图2-42独立的小包装调料既卫生又便于携带，使用时容易掌握使用量；图2-43花生的包装设计了放置果壳的空间；图2-44唇膏盒里面增添镜子，方便消费者随时使用。

图2-42　独立包装调料

图2-43　特殊设计的花生包装袋

图2-44　嵌有镜子的唇膏盒

案例2-7

美素佳儿"宝护盖"新包装

荷兰皇家菲仕兰公司旗下的婴幼儿奶粉品牌美素佳儿，2013年推出新包装——"宝护盖"。"宝护盖"的设计从妈妈和新生儿两个角度深入研究，既弥补了新妈妈的经验不足，又为宝宝的成长再添一层保护。新升级的"宝护盖"包装具有"密""净""准"三大特点。密实扣：轻按即启，单手开盖轻松简单，密实紧扣，进一步锁住新鲜。净置架：专属量勺搁置区，避免勺柄的手握处与奶粉接触，取放方便更卫生。精准刮：轻松刮平勺内奶粉，科学量取，精准水奶配比，确保营养好吸收。即便是一个人一手抱着宝宝，另一只手也可独立完成冲调奶粉的工作。"宝护盖"的设计赢得了初为父母的消费群体的青睐，如图2-45和图2-46所示。

图2-45　美素佳儿奶粉

图2-46　"宝护盖"包装

2.5.2　配套包装策略

配套包装策略是商家依据消费习惯将相关产品通过包装组合在一起进行销售，便于消费者购买、使用和携带，同时还可降低包装成本，扩大产品销售。配套包装大致可分三类：一是功能相互辅助的商品配套，如图2-47和图2-48所示的化妆品的系列配套包装；图2-49是为狗主人遛狗时所需的东西，如皮带、便便袋、便便袋器、便携式碗、网球等的整合包装。二是将不同品种但用途有密切联系的商品配套，如沐浴产品与毛巾的配套销售，沐浴产品与毛巾是一种固定的搭配使用方式，由于这两种商品类别不同，通常在购物场所被安置在不同的区域，配套包装可以节省消费者的购物时间，如图2-50所示。三是既非同品种也非用途有关的商品配套，但是能够为消费者提供一种建议或指导。如图2-51是曲奇与咖啡的配套包装设计。合理的配套包装策略在提高了销售量的同时也为消费者提供了更好的建议。

图2-47　化妆品系列配套包装(1)

图2-48　化妆品系列配套包装(2)

图2-49　遛狗产品套装

图2-50　沐浴套装

图2-51　曲奇与咖啡套装

2.5.3　附赠品包装策略

消费者都有获得额外利益的倾向，在包装内附赠品是最有效的策略之一。赠品可以是与商品相关的，图2-52是咖啡礼盒赠送咖啡壶、咖啡杯；也可以是目标消费者感兴趣的商品，如图2-53所示，瑞士军刀赠送手表；再有直接增加商品数量，如图2-54和图2-55所示。这些都是打动消费者的有效策略。

图2-52　咖啡礼盒

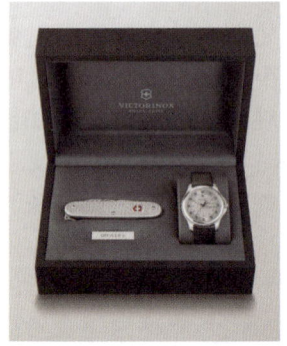
图2-53　瑞士军刀套盒

图2-54　咖啡加量装

图2-55　纸尿裤加量装

本章小结

包装设计不是表面虚浮的装饰，现代包装已成为商品企划、广告、销售策略等企业营销活动的中枢。今天，无论是企业经营者、行销人员还是包装设计师，在开发一个新包装成为市场行销的工具时，都不能忽略包装策略的重要性。

思考与练习

1. 请简述包装策略的重要性。
2. 包装更新策略的意义是什么？
3. 什么是绿色包装设计？

实训课堂

实训课题一：举例分析说明品牌形象策略。
(1) 内容：选取一件或一套运用品牌形象策略的包装设计作品，深入分析策略的具体表现方式。
(2) 要求：对选取的包装设计作品的品牌元素进行逐一分析，加深理解品牌形象策略的优势，写出分析总结，字数不少于1000字。

实训课题二：举例分析说明绿色包装策略。
(1) 内容：收集符合绿色包装策略的包装设计并进行分析总结。
(2) 要求：收集两件运用不同绿色包装策略的设计作品，如减量包装策略和复用包装策略，分别分析总结，每篇总结不少于1000字。

第 3 章

包装设计方法

包装设计

学习要点及目标

- 熟知包装设计的完整流程以及包装定位的方法。
- 了解包装设计的创意。

包装设计流程　定位　创意

超佳(Superga)鞋盒包装设计

超佳(Superga)是一家意大利制鞋公司,生产传统的皮质鞋类制品,以及网球鞋(红土场地专用)、胶靴等。为了使其品牌更有活力,公司曾经研制过更具季节性的新产品,包括利用橡胶自然特性设计的全新风格的产品(橡胶是该公司的核心产品——该公司还做橡胶轮胎的生意),使公司生意的重点重新回到鞋类制品上来。

设计师认为在公司向制作流行鞋类转型的过程中,需要发展一套可视品牌战略来支持公司。品牌塑造指如何使品牌变得与众不同,可以辨别,以及有鲜明的个性。这一动力来自何方?结果如何?这就是设计者能起重要作用的地方。于是,设计师开始对传统鞋盒的适合性提出质疑。他认为:一个好的设计既不应该为了建立品牌的形象而扭曲产品的功能,也不应该仅仅因为它一向如此,而不加考虑地使用一个现成的框架结构。大多数制鞋商喜欢一种有盖子的长方形盒子来做鞋盒,这有一定道理:只需最小的宽度,仅仅变化尺寸,就可以容纳许多风格类型的鞋子,而且这种盒子容易堆放,也能够大批地装卸以便发送。但缺点是什么呢?所有的鞋盒都大同小异——这里没有什么品牌个性而言,当鞋盒不再需要时——既因为降低成本牺牲了鞋盒的耐用性,也由于我们有随意处置物件的本性,你又如何处理它呢?你把这占地方的废物放哪儿呢?在商店里,你怎样使盒子随手可得?你又如何从一大堆鞋盒的最下层拿到所需的尺码呢?

设计师通过橙汁的包装形式得到灵感,认为它是自然的,并且可以有别的用途。这种类型的盒子还可以做得更大些,想象鞋盒应该具有其他一些特性,尤其是可以开关、能折叠起来。在草图中有的纸盒在顶部绕有一根橡皮带来关紧盒盖;有的纸盒上第一次出现了安装揿钮的设计;"随时准备行动",在一个底部有一道颜色鲜亮的条纹的盒子上这样写道。颜色也被运用到橡皮带、有棱纹的侧面,甚至是应用到关于鞋子尺寸、型号、颜色的说明图示上,如图3-1和图3-2所示。图3-3所示是进一步的试验,把不同的墨水涂在不同的卡片上,以获得正确的颜色搭配。

第3章 包装设计方法

图3-1 盒子设计草图(1)

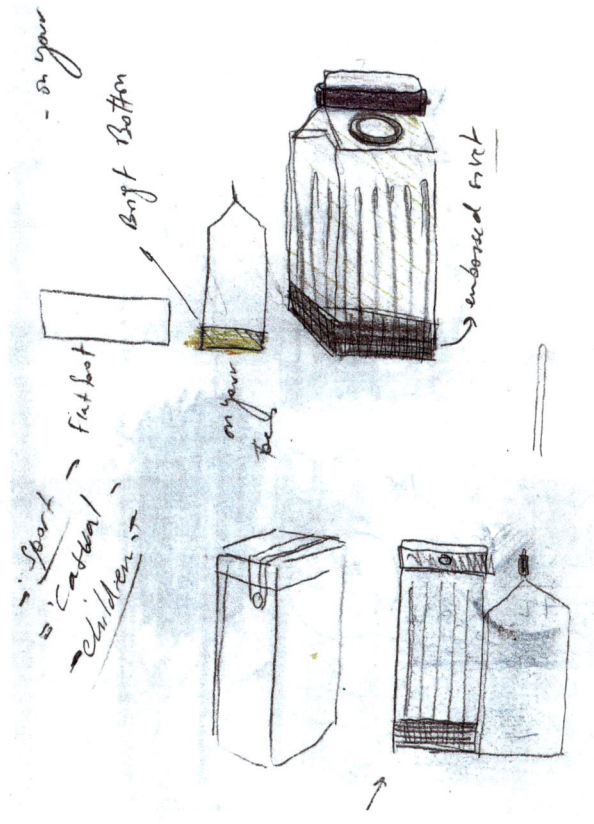

图3-2 盒子设计草图(2)

包装设计

图3-3　试验颜色搭配

在创意大纲完成三周后，首次展示了五种设计：用橡皮带来开关盒子，有可翻开的盒盖，有一枚揿钮并且可以拉伸，有可折叠结构的软包装，采用了塑料管。所有盒子都用颜色鲜亮、印有经过周密考虑的设计图案的压缩纸板制成。设计师有意不在纸盒上过分宣传超佳这一品牌，因为他考虑到纸盒除当作鞋盒以外，仍有潜在的使用价值，委托人很快就挑中了封口可拉伸的方案。然后，谈话开始涉及向制造商提供原料、寻找可以嵌入揿钮的机器以及选择最佳的材料。

在第一阶段，这个盒子有一个可翻开的盖子，并用橡皮带把盒子合上。同样，这个盒子是用委托人提供的原材料制成的，里外颜色相同，如图3-4所示；而图3-5和图3-6所示的是橡皮搭扣的正反两面。一项独一无二的专利技术，使得盒子能够被拉开而不是被撬开。图3-7和图3-8所示的是纸盒的设计模型使用各种颜色，在第一阶段的展示中展出。这些纸盒有"可折叠的底部"，它们全部都可以拆成平的，也可以方便、迅速地折回原样。图3-9所示的是一套可供选择的设计方案，包括一对(最左边)用标有商标名称的橡皮带而不是用揿钮来封口的纸盒。这里用颜色来表明由于季节变化而使用的不同系列鞋子的包装。图3-10所示的这一纸盒模型采用揿钮来固定。无论鞋盒竖放还是平放，都可以将鞋子取出来或放进去。鞋盒在商店或仓库里，被平放在货架上。每一个盒子都贴有长方形标签，用来说明鞋子的尺寸、样式和编码，如图3-11所示。

图3-4　可用橡皮带合上盖子的盒子

图3-5　橡皮搭扣的正面

图3-6　橡皮搭扣的反面

图3-7　纸盒的可折叠性

图3-8　各种颜色的纸盒设计

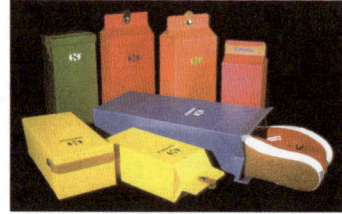
图3-9　一套可供选择的设计方案

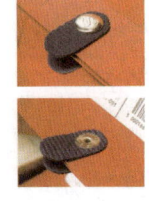
图3-10　用揿钮来固定的纸盒

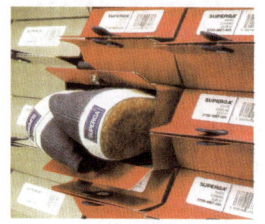
图3-11　纸盒贴有标签

把这种鞋盒想象成一个私人的小箱子，"商店里的情况就变成这样了：纸盒可以从窄的一头迅速打开，然后从中拿出鞋盒，而不需要把鞋盒从货架堆中抽出来，这样，既保持了堆放的井然有序，也使鞋子容易取放。"更为重要的是，这种鞋盒的制造成本并不比传统的一般鞋盒高，而且它们还可以在装完鞋子后被再利用，来装文件或别的东西。超佳鞋盒的创新理念就是：没有既定的包装体系，设计者的任务就是寻求新的视角，对也许已沿用几十年没有改变过的做法提出质疑，用新的视角，或从新的文化角度来审视可行的方案，并对该行业进行改革。即使是那些最牢固的、由合理的逻辑考虑而建立起来的体系，也值得重新审视，然后向市场灌输一个全新的营销态度。

(资料来源：斯达福德·科里夫.世界经典设计50例：产品包装[M]. 李震宇译.
上海：上海文艺出版社，2001.)

3.1　包装设计流程

包装设计的过程涉及市场营销学、广告学、视觉传达技能、材料的认识与应用、计算机软件的操作、印刷知识等系列学科，以及不同专业的配合与协作。明确包装设计的流程是顺利完成设计项目的前提和保证。

3.1.1　前期准备

1．确定包装设计项目的内容与要求

设计人员与客户必须要充分地沟通，掌握项目的定位、目标消费者、预计成本和工作的周期等，为设计工作的展开提供必要的框架。

2．实施市场调研

市场调研包括确定产品包装市场调研目标、拟订市场调研计划、设计市场调研表、实地市场调研、统计分析调研资料、撰写市场调研报告。具体的调研围绕着市场、企业、产品和消费者展开。

(1) 市场营销环境调研：有计划地收集某个地区的人口、经济、文化和风土人情等情况。一方面，可以为细分市场提供依据，从而确定包装的目标消费者和包装设计重点；另一方面，可以为确定包装的策略、表现形式提供依据。

(2) 企业经营情况调研：主要内容包括企业历史、设施、技术水平、人员素质、经营状况和管理水平、经营管理方法等，为包装策略和创意提供依据。

(3) 产品情况调研：包装是围绕着具体产品展开的，因此对产品必须全面了解，包括产品生产、性能、类别、生命周期、服务、形象等内容。通过调研对产品进行准确定位，在商品竞争中取得优势。

(4) 消费者调研：通过对消费者的购买行为的调研，研究消费者的需求欲望、行为方式和购买决策，为包装策略的制定奠定基础。

市场调研的方法多种多样，可大致分为观察法、实验法和访谈法。在设定主题和制定调查问卷时，可采用选择法、排序法、自由回答法、比较法、表格测试法和文字联想法等多种调研技巧。市场调研的目的是确定包装设计的策略及方案。

3. 包装设计策略的制定

如何制定有效的包装设计策略，是包装成功与否的关键，策略的制定必须建立在充分了解市场的基础上。一般来说，包装设计任务会面临两种情况：一种是为新产品的开发进行的包装设计；另一种是对原有产品的包装进行改进或替换，使其能更适合市场的需要。关于包装的设计策略，主要有品牌形象策略、绿色策略、促销策略等。

3.1.2 创意设计

准确的策略还要出色的创意来诠释。在这个阶段，设计人员尽可能多地提出设计方向和想法，通过草图的方式对包装的立体结构、容器造型、图形、文字、色彩、编排等设计要素展开表现。在此基础上，经过推敲来确定可实施性的创意设计方案。

对涉及的元素都要认真对待，如文字的可读性与艺术性的协调，图形的内容与风格是否与产品吻合，色彩的搭配与材质的关系，造型结构是否合理等。待所有细节都确定后，便可进行包装效果图的制作，通过数码印刷将设计方案打印并折叠成型能使设计效果更直观，沟通更全面，更容易赢得客户的好感。总之，设计工作准备得越具体、越充分，越有利于与客户沟通的顺畅。

案例3-1

鸡蛋糕包装设计

1. 设计背景

这是一款健康美味的糕点食品，目标消费群体广泛。客户要求设计师在设计的时候要突出产品名称，体现"全蛋和面"的特性，版面要赋予蛋糕味道纯正、口感松软的味觉感与视觉感。

包装盒的尺寸与结构由客户提供，如图3-12和图3-13所示。

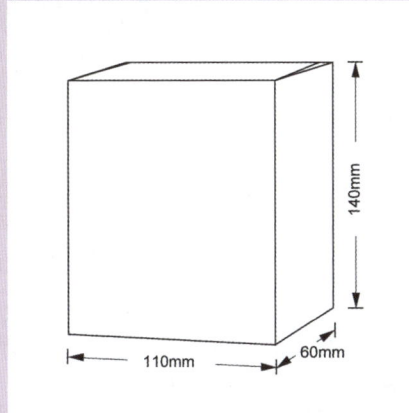

图3-12　包装盒尺寸

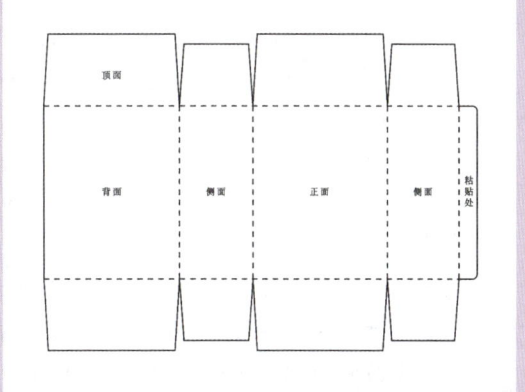

图3-13　包装盒展开图

2．设计要求

（1）"鸡蛋糕"是一款健康美味的糕点食品。根据产品的特性，要求包装的设计风格健康、美味、亲切，包装效果要能引起消费者的食欲。

（2）需要完成产品包装展开图和效果图的制作。

（3）撰写设计说明。

3．设计过程

根据客户的要求进行设计构思，为客户提供三款设计方案。

方案一设计说明：该包装将产品名称置于视觉中心点，与品牌名称有序排列，并从面积上突出产品名称。产品名称的字体设计追求饱满的质感，与蛋糕的蓬松感呼应。鸡蛋的图形形式选用可爱的卡通造型，满满一篮鸡蛋暗示"全蛋和面"的特性。金黄色色调是鸡蛋、蛋糕的常用色。该包装采用对称式构图，给人一种安全卫生的视觉感受。方案设计的视觉形象如图3-14所示。

方案二设计说明：该包装首先映入眼帘的是"鸡蛋糕"产品名称，色彩的对比、面积的对比使产品名称非常凸显，能使消费者在无意识的购物过程中一下子就注意到这款产品。左下角的产品实物照片能够帮助消费者更好地了解产品，右上角的广告语"松软""全蛋和面"与可爱的卡通图形生动地组合为一个整体，左上角是品牌标志，右下角是净含量和产品数量。全面而翔实的产品信息有条理地安置于画面中，形成主题明确、主次分明的视觉流程，为消费者提供清晰而深刻的视觉印象。方案设计的视觉形象如图3-15所示。

方案三设计说明：该包装采用照片来诠释"全蛋和面"这个产品特点，配合产品实物照片更加增添信任感。产品名称"鸡蛋糕"选用一种比较轻松的字体，白字蓝边在金黄色背景的映衬下，十分醒目。背景中若隐若现的白色小方格增添了一丝田园的氛围，也起到活跃画面的作用。不对称的构图设计使包装既活泼又不凌乱，给人以香甜亲切的感受。方案设计的视觉形象如图3-16所示。

图3-14　设计方案一　　　　图3-15　设计方案二　　　　图3-16　设计方案三

经过与客户的进一步沟通，确定第二方案，并绘制效果图。根据客户提供的盒型，设计其他的展示面，将设计好的内容按照包装展开图放置在相应的位置，包装的正面与背面采用同样的设计画面，辅助信息安置在侧面，如图3-17所示。

效果图能够帮助客户更好地了解包装的最终效果，如图3-18所示。

图3-17　第二方案包装展开图　　　　图3-18　鸡蛋糕包装盒最终效果

3.1.3　沟通修改

对设计方案的确定通常不是一次就能完成的，往往需要反复地沟通、修改直至包装设计方案的最终确定。在沟通的过程中，设计人员必须清楚地理解包装的创意策略及表现方法并有条理地阐述，对方案的重点或关键处要重复强调；同时，也必须尊重决策人的态度及意见。

3.1.4　制作完稿

制作完稿是包装设计方案实施的关键环节，包括电子文件的制作、打样、校稿等印前准备工作，以及印刷、折叠成型等后期加工工艺。

3.1.5　市场反馈

包装进入市场后会有相应的市场反馈情况，设计人员应采取实地调查、营销活动、网络问卷等方式收集信息，对存在的问题进行修正。

3.1.6　整理归档

包装设计的过程涉及诸多环节，将每个环节的资料、电子文件整理归档，建立完整、翔实的设计资料，有利于下一步设计工作的展开。

3.2　包装设计的定位

定位，顾名思义，就是确定位置。定位本身，是一个营销概念，20世纪50年代就出现了，到了20世纪70年代以后被应用于广告设计。包装也是广告的一个组成部分。定位要求设计人员找到一个独特的卖点，并且这个独特的卖点能为消费者带来便利和享受，由此在他们心中建立一个超越同类产品的位置。这个独特的卖点就是我们通过包装设计要传递的产品概念。

包装作为产品信息的媒体，在三个关键的信息点——"我是谁？""卖什么？""卖给谁？"上基本体现了包装设计定位的方向。

3.2.1　品牌定位

通过包装的立体和平面视觉元素突出品牌的视觉形象，包括包装造型、标准字、标准图形、辅助图形、标准色等元素。例如，Redbush茶叶包装就是品牌定位的包装设计，该包装以标志形象作为画面主体，标准色、辅助色作为包装主色调，文字与版式统一，与VI系统一致，如图3-19～图3-22所示。

图3-19　Redbush茶叶包装标志形象

图3-20　Redbush品牌VI系统

图3-21　Redbush茶叶包装设计(1)

图3-22　Redbush茶叶包装设计(2)

3.2.2　产品定位

对多数产品来说，产品即包装，包装即产品。消费者是通过包装来辨别产品的，那么对包装的印象实际上就是对产品的印象。以产品定位的包装设计目的是使消费者通过包装迅速地了解该产品的特点、属性、用途、用法、档次等。

1．特色定位

特色定位，也被称为差异化定位，就是寻找产品与同类其他产品的特色差别进而突出这种特色。特色可以从产品本身发掘,以甜点为例,通常甜点的包装定位在品牌、原料、口感或心情、节日等方面,这款马卡龙包装(见图3-23)定位在产品的色彩上。马卡龙是法国著名的甜点,因其色泽温润而大受人们喜爱,甚至形成马卡龙色系。将色彩作为画面主要信息,如水彩的表现手法可突出马卡龙的特性,消费者通过色彩就能识别产品内容。还可以从包装功能入手,如图3-24所示的这款黄油包装,将黄油包装的盖子设计成涂抹黄油的工具,一举两得,为消费者提供了使用的便利。这个独特的创意有效地提升了产品形象,为消费者提供了一个难忘的消费理由。

图3-23　马卡龙包装

图3-24　黄油包装

案例3-2

一瓶可拆成四份的葡萄酒包装

图3-25所示葡萄酒实际上是由四个葡萄酒杯堆叠组合而成,每一个单独的酒杯会和另一个酒杯热封结合在一起,并用塑料膜外包防止散落开来。每一杯里含有187mL葡萄酒,消费者买了一瓶酒,可以分为四次饮用,也可与朋友分享。打开包装即可,不需要使用酒杯。

这款包装设计以消费者使用的便利性作为包装概念的出发点,考虑消费者的使用习惯、遇到的问题、希望解决的方式等环节。切实地赋予包装创新性,使其在同类产品中脱颖而出。

(资料来源:中国包装网)

图3-25　可拆成四份的葡萄酒包装

2. 功能定位

功能定位是通过包装信息的提示，使目标消费群对产品的功效和作用一目了然，方便消费者选购。图3-26所示为修眉工具包装，包装主画面中将修眉的要点通过图形语言阐述，迅速抓住消费者的关注点。图3-27是布洛芬缓释片包装，画面中的文字和图形设计使药品的功效一目了然。

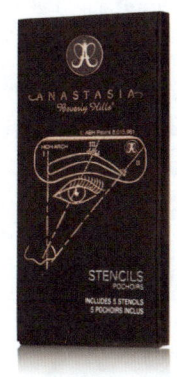

图3-26　修眉工具包装

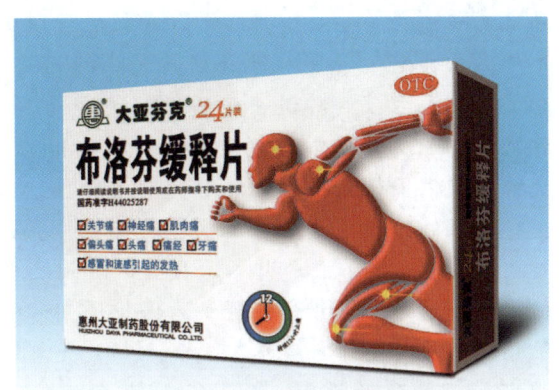

图3-27　布洛芬缓释片包装

3. 档次定位

不同的营销模式、不同的产品类型，常会形成产品档次上的差别。无论是简装还是精装或是礼品装，面对不同的消费者和销售场合，包装必须要做到表里如一、货真价实。图3-28是GODIVA巧克力礼品包装，图3-29是高档化妆品奢华包装。

图3-28　GODIVA巧克力礼品包装

图3-29　高档化妆品奢华包装

4. 产地定位

某些产品由于产地优势而形成无可比拟的竞争力。例如，旅游纪念品、土特产、原材料的产地等形成了品质上的差异，因而突出产地就具有绝对的竞争力。

案例3-3

芬兰伏特加包装

来自北欧芬兰的芬兰伏特加1970年诞生于斯堪的那维亚(Scandinavia)，1971年进入美国市场。由于它的品质纯净且独具天然的北欧风味及传统，因而树立了高级伏特加的品牌形象。芬兰伏特加过去十年来销量增长迅速，是全球免税店中非常受欢迎的领导品牌之一。原味伏特加成分是40%的酒精和60%的水。芬兰优越的地理条件为酿造原味伏特加提供了得天独厚的优势。芬兰全国1/3的土地在北极圈内，属温带海洋性气候。拥有纯正的冰川水及上等的大麦。水是采用经过10 000多年冰碛(气)过滤，保留了冰河时期清纯无比的芬兰冰川水。为确保清纯之水源源不绝，更将水源方圆1200公顷皆纳为保护区。六棱大麦孕育在芬兰的质朴空气与净水中，加上芬兰气候寒冷，令土壤完全免受化学污染，因此六棱大麦天赋含油极少，用于酿造丝毫无损伏特加的天然口感，实可谓融合天地精华的造物恩赐。清纯水源加上生长在世上硕果仅存的洁净生态环境中的芬兰六棱大麦，恰恰构成了酿造最优质伏特加的先决条件。因此，芬兰伏特加的包装设计为了强调产地特点，酒瓶造型灵感取材于芬兰冰川冰柱形状，它的玻璃瓶看起来就像一块正在融化的冰，象征着芬兰的北极圈地貌特征，生动形象地体现包装设计的产地定位，如图3-30所示。

图3-30　芬兰伏特加包装

(资料来源：也买酒)

5．文化定位

文化特征也是包装的定位方向之一，运用独具风格的文化元素，可营造一种独特的文化氛围，创造一种文化的消费体验。图3-31是南非复古民族风格的Khulu香皂包装，图3-32是中国国画风格的茶叶包装。

图3-31　南非复古民族风格的Khulu香皂包装

图3-32　中国国画风格的茶叶包装

第3章　包装设计方法

6．节庆、活动定位

在包装上结合节日、庆典、活动等主题的设计，具有一定的时间性和地域性，如结合春节、情人节等节日的包装，奥运会、世博会等推出的纪念包装，著名品牌、企业的营销活动等。图3-33是星巴克圣诞包装，图3-34是中秋节华美月饼包装，图3-35是妮维雅限量版包装。

图3-33　星巴克圣诞包装

图3-34　中秋节月饼包装

图3-35　妮维雅限量版包装

案例3-4

麦当劳2014年巴西fifa世界杯纪念版薯条盒

为迎接世界杯的到来，麦当劳薯条盒(中包及大包装)在全球首次从经典的红色，变身为12款大胆、醒目纪念版插图，如图3-36和图3-37所示。这些设计以精妙的原创街头艺术，为顾客和球迷呈现出足球盛事的美丽与激情。麦当劳也希望借世界杯纪念版薯条盒，在全球118个国家和地区推出，与数百万顾客和不同文化的球迷共享这激动人心的盛事。麦当劳此次从全球范围内共甄选了12位艺术家，请他们用富有创意的表现手法为标志性的薯条盒绘制图案，展现人们从心底和灵魂深处对足球的热爱。

图3-36　世界杯纪念版薯条盒

图3-37　12款世界杯纪念版薯条盒

创作新薯条包装盒的12位艺术家分别来自12个国家。

澳大利亚：大卫•斯彭瑟(David Spencer)，作品名称"The Perfect Kick(漂亮的脚法)"。

巴西：爱德华多•库博拉(Eduardo Kobra)，作品名称"O mundo unido pelo futebol(足球将世界连在一起)"。

> 加拿大：姆格拉奇(Mügluc)，作品名称"Unite Together(团结一心)"。
> 中国：画图男，作品名称"World of Victory(胜利的世界)"。
> 英国：本•姆斯利(Ben Mosley)，作品名称"Fans of the World(世界球迷)"。
> 法国：斯克维克(Skwak)，作品名称"The Maniac Football Party(疯狂的足球派对)"。
> 德国：罗曼•克劳尼克(Roman Klonek)，作品名称"Freaky Fan Club(狂欢球迷俱乐部)"。
> 日本：都坡坡利(Doppel)，作品名称"Kick the One(经典一踢)"。
> 俄罗斯：埃苟•科沙利文(Egor Koshelev)，作品名称"The Perfect Goal(完美进球)"。
> 南非：埃德东•班特捷斯(Adele Bantjes)，作品名称"Heart of the Game(永不言弃)"。
> 西班牙：马丁•萨提(Martin Satí)，作品名称"Flamenco Number One(最棒的佛来明哥舞步)"。
> 美国：泰斯万(Tes One)，作品名称"Formations(队形)"。
>
> (资料来源：互动中国)

3.2.3 消费者定位

包装产品销售链条的终端为消费者。设计人员应了解消费者的喜好和情感，迎合消费者的消费行为、消费心理，通过包装画面再现和提示，使设计富有感染力，引起共鸣。

1．形象定位

着力于消费者形象的定位表现，应注意形象与产品吻合，如年龄、性别、职业、需求等。有的消费者并不是产品的直接使用者，如婴儿用品、宠物用品等，在这类产品的设计上要注意转换，如图3-38～图3-40所示。

图3-38　宠物用品包装

图3-39　假发头套包装

图3-40　减肥茶产品包装

2．心理定位

通过包装的材质、色彩、文字、造型等元素烘托出特定的氛围，使目标消费者产生价值或文化的认同感。

案例3-5

可口可乐M5系列

　　M5是可口可乐公司在2005年的一个市场营销计划的代号。营销计划的目的是考虑如何让新世代与可口可乐这一老牌饮料发生联系，可口可乐试图将其品牌与流行文化相结合。

　　M5这一名字指的是5家杰出公司，由可口可乐公司指定的、广泛分布在各大洲、作为新兴媒体的五家设计工作室，它们分别来自亚洲的日本、欧洲的英国、非洲的南非、北美洲的美国、南美洲的巴西。

　　可口可乐全权委任分布在不同国家的各个工作室来实现其"乐观主义"的创意演绎。可口可乐的发展理念是"积极乐观，美好生活"。项目包括为新的曲线铝罐创作图案(在黑色灯光下，有的设计图案会发生变化)，同时推出的还有配以当红乐队的3～5分钟的无品牌标示的短片，以扩充对其品牌精神的演绎。图3-41是M5 Asia亚洲瓶设计，图3-42是M5 North America北美洲瓶设计，图3-43是M5 Africa非洲瓶设计，图3-44是M5 Europe欧洲瓶设计，图3-45是M5 South America南美洲瓶设计。

图3-41　M5亚洲瓶

图3-42　M5北美洲瓶

图3-43　M5非洲瓶

图3-44　M5欧洲瓶

图3-45　M5南美洲瓶

可口可乐公司宣称,这次的品牌形象更新主要是面向出入高级会所、沙龙,独具鉴赏力和创意的消费人群。它们只在"世界上最高级的俱乐部和酒吧"销售,如图3-46~图3-48所示。

图3-46　M5系列(1)

图3-47　M5系列(2)

图3-48　M5系列(3)

案例3-6

可口可乐另类营销:一人绝对打不开的瓶盖

可口可乐推出了一款新包装,包装的亮点是瓶盖的设计。这个新奇的瓶盖只有两个人合作才能打得开。如果你试图拧开瓶盖,你会发现这是一件不可能完成的事情。只有找到另外一个拿着相同瓶子的人,将瓶盖顶部对准,然后朝着互相相反的方向旋转,可乐瓶方能打开,如图3-49和图3-50所示。

图3-49　创意瓶盖(1)

图3-50　创意瓶盖(2)

这个创意是为了让校园里的新生们迅速变得熟络起来,摆脱刚进入大学时的无所适从感,以可口可乐为媒介,让新生们在完全陌生的环境下产生向其他人打招呼的动力。在一次简短的合作之后,或许一段友谊就这样出现了。不得不说可口可乐的这次创意确实非常了得,不仅让人们记住了产品,还宣传了正能量。

(资料来源:中国经营网)

品牌定位、产品定位、消费者定位是针对性很强的定位方法，在实际的包装设计过程中要注意灵活运用，如品牌定位与产品定位相结合，品牌定位与消费者定位相结合，品牌定位与产品定位和消费者定位相结合。进行综合定位时要分清主次，避免平均或杂乱，不然就失去了定位的意义。

3.3 包装设计的创意

所谓"创意"，即是设计人员在对市场、产品和目标消费者进行调查分析的前提下，根据客户的营销目标，以包装策略为基础，对抽象的产品诉求概念予以具体而艺术的创造性的思维活动，并以适当的形式传达出来。

"3W1H"思考模式

"3W1H"思考模式，即："What"做什么，产品是什么；"Who"为谁做，对象是谁；"Why"有何特征，为什么做；"How"如何做，怎样做。

"3W1H"思考模式，能够了解包装设计构思的诸方面环节，将其联系起来，并在包装设计过程中加以具体化。

AIDMA理论

A——Attention：注意，即使产品包装从视觉大背景中脱离出来，醒目突出。

I——Interest：兴趣，即在视线上引起注意之后，是否真正具有引发兴趣的可能，以及感受能力如何。

D——Desire：需要，即对产品产生需求的欲望。

M——Memory：记忆，即对产品及形象产生深刻的印象。

A——Action：行动，感受需求的结果，行动起来，如购买行动的发生。

3.3.1 直接展示

直接展示法是最常见的表现手法。将包装主题以直白感性的形式直接如实地展示出来，给人以真实感、亲切感和信任感。可运用开窗、透明材料、摄影或绘画技巧等方式。展示的内容一般是富有个性的产品形象(见图3-51和图3-52)、独特的性能(见图3-53)、显著的品牌标识(见图3-54)或产品名称(见图3-55)、有认同感的消费者形象(见图3-56)等要素。

图3-51　展示个性产品形象的包装(1)

图3-52　展示个性产品形象的包装(2)

图3-53　展示产品独特性能的包装

图3-54　展示产品品牌标识的包装

图3-55　展示产品名称的包装

图3-56　展示消费者形象的包装

3.3.2　联想

借助想象,把相似的、相连的、相关的或在某一点有相似之处的事物加以联结,以产生新构想。图3-57所示为铅笔的橡皮擦与毛巾联想,二者都有清理干净的功能;图3-58所示为耳机与音符联想,二者都与音乐有关;图3-59所示为米饼与饭碗巧妙结合,联想到米饼的真材实料。

图3-57　毛巾包装设计

图3-58　耳机包装设计

图3-59　米饼包装设计

3.3.3 比喻

比喻是指选用与主题在某些方面有相近之物，或在某一特点上与主题相同甚至比主题更美好，从而加强商品的特点，增加商品的美感和消费者对它的信任感，进而起到促销作用。如图3-60所示，将茶包挂绳的另一头设计成蝴蝶，泡茶的时候，这蝴蝶可以卡在茶杯边沿上，像挂钩一样把茶包线挂住，仿佛蝴蝶闻到花香而停留，用此比喻茶的清香；如图3-61所示，将食品购物袋的透明部分设计为胃的形状，暗喻这家店的食品非常安全、美味。

图3-60　茶包的包装设计

图3-61　提袋设计

3.3.4 象征

象征是在联想和比喻基础上的简练、概括的创意方法，主要是联想方法的浓缩，是一种抽象的表象意向创意。将商品突出的属性特征和各种带有象征意义的抽象形、色相联系。如红色、金色往往是中国传统节日礼品包装的常用色，象征着富贵、红火、喜庆，如图3-62所示。

例如，2005年依云推出限量经典瓶"冰山美人"，如图3-63所示，晶莹剔透的玻璃瓶身，象征依云之源——阿尔卑斯的雪域之巅。

图3-62　中国传统节日礼品包装

图3-63　依云限量经典瓶

3.3.5 幽默

幽默是包装创意中常见的一种表现手法。在画面中运用别有趣味的一个情节造成一种引人发笑而又耐人寻味的幽默意境,达到情理之中、意料之外的艺术效果,让消费者在欢愉中获得产品信息。图3-64是由著名的"暴躁猫"(Grumpy Cat)代言的咖啡包装。暴躁猫是2012年走红网络的一只小猫,如图3-65所示,这只大眼睛的猫咪总是一副满脸不高兴的样子,所以得名"暴躁猫"。主人将它的照片上传到网络,得到大量网民的喜爱,迅速爆红,广告商纷纷请它"代言",还出版了两本书,版权收益多达6000万英镑。这款咖啡包装以"暴躁猫"的卡通形象和名字为主诉求点,消费者将对"暴躁猫"的喜爱延伸至对咖啡的喜爱。

图3-64　"暴躁猫"代言的咖啡包装

图3-65　大眼睛的"暴躁猫"

3.3.6　夸张

夸张是在突出商品特征基础上发展和深化的创意形式,是将震撼性与趣味性有机结合。运用夸张方法时要注意尺度,不能失真,不能引起消费者的误解。图3-66所示的Lee牛仔裤的包装打破常规的包装盒比例,盒子长度接近人的腿部长度并采用开窗设计,当消费者手提包装盒时,可以看到包装盒中的牛仔裤。

图3-66　Lee牛仔裤的包装

3.3.7　逆向思维

逆向思维,即反常规、反传统的思维方式。摆脱习惯性思考方式,从反向想一想,往往引发新意。在包装创意中,反向式思考对突破保守、陈旧的设计思路很有意义。逆向思维往往能找到出奇制胜的新思路、新点子。图3-67所示是一个令人印象深刻的包装设计,是典型的逆向思维创意,包装盒设计为棺材造型,直指吸烟的危害:香烟可以为吸烟者提供什么——更快的死亡之路。

图3-67　香烟盒创意

案例3-7 顺丰优选——荔枝包装

顺丰优选是顺丰速运集团倾力打造，以销售全球优质安全美食为主的网购商城。其目标客户定位中高端，与顺丰集团配送范围高度重合。为了充分利用这一先天优势，经过实地考察，顺丰优选决定选择"荔枝"这个产品将二者有效地结合在一起。荔枝是保鲜要求非常高的水果，"一日色变，二日香变，三日味变，四日五日色香味尽去"。最理想的是在八成熟时采摘，但批发市场的水果商人为了弥补长途运输的保鲜不足，在五成熟时就匆匆摘下，口感差别很大。顺丰快递在国内的名声是24小时之内送到，若是做到产地直供，不超过24小时，这就发挥了顺丰的供应链优势。为了充分体现这个优势，荔枝的包装设计得非常有创意。方形的包装盒上印着顺丰飞机的图形，飞机机身上写着"荔枝刚刚离枝"，荔枝古名离枝，意为离枝即食。"荔枝刚刚离枝"的意思即表明荔枝的新鲜度，又体现顺丰速运的速度。包装盒最为巧妙的是盒身两侧可以拉开，恰好成为顺丰飞机的两翼，两翼是隐藏的空间，里面装有新鲜荔枝，如图3-68～图3-70所示。顺丰飞机载着新鲜荔枝迅速地送到客户口中，通过这个包装完美地表达出来了。

图3-68 顺丰优选的荔枝包装

图3-69 可拉开的盒身两侧

图3-70 两翼内装有荔枝

(资料来源：百度百家)

案例3-8 维果罗夫（Viktor&Rolf）炸弹花(Flowerbomb)香水包装

2005年，荷兰著名的维果罗夫(Viktor&Rolf)时装品牌推出第一款女性香水，取名炸弹花(见图3-71)。炸弹花香水瓶采用粉红色的瓶身，搭配上多角的水晶切面，像极了一颗散发光芒的钻石。同时，瓶身造型又犹如一颗手榴弹，将设计师要传达反战的讯的讯息表达得十分清楚(见图3-72)。粉色的包装盒利用黑色缎带表达花朵爆炸般盛开的意念,加上瓶身坠饰及外盒V&R的招牌蜡烛压印,这种包装创意方法既幽默而又严肃,用高雅和幻想创造出对现实的诗意化视觉。

图3-71　炸弹花香水包装

图3-72　瓶身造型

(资料来源:海报时尚网)

案例3-9

耐克为科罗拉多州俱乐部球迷设计的服装创意包装

耐克(Nike)为科罗拉多队设计出了一款非常热血的球迷服装包装,红色的啦啦队服装在"输血袋"里,而且还加上"冰块"和"保鲜盒",十分逼真。创意概念来自球迷们的狂热,为了自己的球队,他们不仅可以献上自己的汗水、泪水,哪怕是自己的鲜血也在所不惜。耐克抓住球迷们的这种心理,大胆设计出这款鼓舞人心的包装,寓意让球迷尽情奉献他们的激情,如图3-73~图3-75所示。

  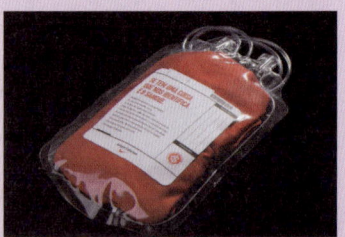

图3-73　球迷服装包装盒　　图3-74　置于"冰块"和"保鲜盒"的"输血袋"　　图3-75　输血袋造型的包装袋

(资料来源:人人网)

包装设计过程中的每个环节都是不可缺少、至关重要的,每个环节的实施质量决定了包装设计最终的成败。包装定位是包装创意的依据,精准的定位、精彩的创意是包装设计成功的核心。

1. 阐述包装设计的流程。
2. 定位对于包装设计有着怎样的意义?
3. 什么是创意?

实训课题一:选取某品牌产品,进行定位与创意的详细分析报告。
(1) 内容:详细分析品牌产品包装的定位方向以及采用哪种创意方法进行表现。
(2) 要求:通过案例分析更加清晰地了解定位和创意对于包装设计的重要性,以及相应的表现形式与方法,分析报告要求图文并茂,文字不少于1000字。

实训课题二:用三种创意方法为某品牌产品设计包装。
(1) 内容:针对某品牌产品展开分析,从不同角度创意构思,表现产品优势。
(2) 要求:用草图的方式表现创意概念并进行文字说明,每个创意说明不少于300字。

第 4 章

包装设计的立体要素

包装设计

学习要点及目标

- 包装造型的设计方法。
- 包装造型设计功能性与审美性的协调。

容器造型设计　纸容器造型设计

巴朗蒂麦芽威士忌包装设计

道麦克联盟打算生产一种新型的由麦芽酿造的巴朗蒂麦芽威士忌,投入亚太地区免税市场。对于新型苏格兰威士忌的品质简要描述如下:"必须具有巴朗蒂牌产品的品质特征,将一眼就被认出是巴朗蒂牌的产品;但是,又要和以往的产品包装有明显区别。它的外形包装将让顾客感到惊喜和赏心悦目。这一新型的酒类将成为苏格兰威士忌和法国白兰地之间的桥梁,它不是简单地折中,而是调和了两种历史悠久而又截然不同的酒类的品质。"

酒瓶的形状要迎合这一阶层酒类消费者的爱好,无论在质地,还是价格方面,但是,并不需要十分珍贵,而是尽可能地创造出自己的风格、类型。设计师按照品质简述做了最初的设想,他们必须设计一个酒瓶和一个礼盒。设计师们遇到的麻烦是,这类威士忌的销售对象是亚太地区的跨国旅行者,他们往往是中国大陆及台湾地区、日本和韩国的知名人士,他们对于"品质"本身就有不同的概念。尤其是中国人,非常喜欢大量使用金色和繁复的装饰,但西方的设计师在创意设计方面很少使用这些元素。

经过多次提案和反复沟通,客户在一系列方案中选择了两项创意,一个是细颈的船形玻璃瓶,另一个是水滴状的设计,如图4-1和图4-2所示,这两种形状的酒瓶被确定为发展方向。随后,船形长颈瓶被认为难以倒酒。因为倒酒时只能抓住瓶颈,和大多数瓶子相比,其瓶颈显得太粗。水滴状的设计在论证过程中取得一致好评。在一份调查报告中,少数人指出这种设计像一滴眼泪,还有少数人认为像一粒击中靶心的子弹。另一个展示会上,人们对于船形长颈瓶提出一些修改意见,建议配一个圆形底座用以抬高瓶子,底座外面是圆纸盒,纸上阐述了纯威士忌的含义,如图4-3所示。

最后,水滴状的设计脱颖而出。但是,接下来仍有许多工作要进行,主要有以下几个方面尚待完善。

(1) 整体考虑瓶子的容积、尺寸和特殊性。
(2) 如何改进瓶子的可把握程度并且不破坏整体设计的完美性?

(3) 如何在保留原有创意的前提下，减小底座的尺寸和重量？
(4) 如何减小礼品纸盒的尺寸？
(5) 如何将这"滴"纯净的麦芽酒的创意表达得更清楚？

中国人和日本人的手往往比欧洲人的手小，所以他们会觉得这个酒瓶太大了。这个瓶子应该更苗条一点，使人更容易握住并倒酒。因此最后决定将瓶子的容积从750mL减少到500mL。设计者制作了更小的树脂模型，做了更广泛的调查研究。新的纸盒被设计成从中间打开，一分为二，露出波纹形底座上的瓶子，如图4-4所示。图4-5和图4-6展示了酒瓶的设计制作图纸，这个设计在免税商店展出，赢得交口称赞。

图4-1 细颈船形玻璃瓶设计方案

图4-2 水滴状玻璃瓶设计方案

图4-3 优化后的船形长颈瓶

图4-4 酒盒设计

包装设计

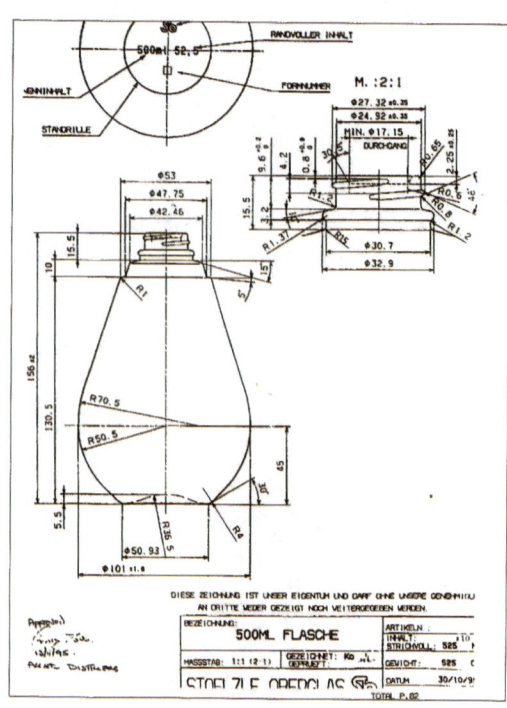
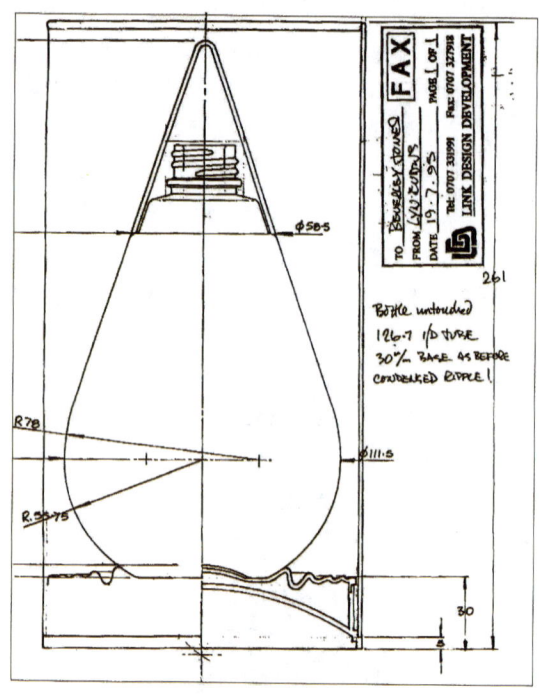

图4-5　设计制作图纸(1)　　　　图4-6　设计制作图纸(2)

(资料来源：斯达福德•科里夫. 世界经典设计50例：产品包装[M].
李震宇译. 上海：上海文艺出版社，2001.)

4.1　容器造型设计

4.1.1　容器造型设计的原则

1．保护性原则

不同商品具有不同的形态和特性，在流通过程中，包装容易受到外力碰撞的物理性侵害，因此包装容器的造型设计首先要结合商品的特性，注重其保护性。不同商品对于包装容器材料的选择和造型设计不尽相同，需要有针对性地进行设计。如啤酒、碳酸类饮料产品等易产生气体而膨胀的液体容器造型设计，容器多采用圆柱体外形，这样可以均匀地分散内部胀力，如图4-7所示；图4-8所示为香水等易挥发性商品的包装设计，要求有严格的密封性，瓶口尺寸应缩小，尽量避免与空气接触。

2．便利性原则

成功的包装容器造型设计要充分考虑消费者使用的便利性。消费者在使用商品的过程中，会有携带、开启、闭合、重复使用等环节，在设计过程中，应考虑到每个环节中人与容器之间相互协调适应的关系。图4-9所示为面部护理油的包装，为了便于油状化妆品的保存与使用，包装容器的瓶盖设计为滴管式，使用者能够控制使用量，而且安全卫生。酱汁类、膏状、乳霜类等乳状黏稠性商品的容器设计，瓶口的大小要满足使用者的日常生活需求。例如：图4-10所示为果酱食品，在食用时需要借助勺子取食，所以瓶口的尺寸要大于一般勺子的宽度；酱汁类的瓶口设计相对要小，这样能够控制使用量，如图4-11所示；牙膏的开口直径与牙刷尺寸协调，如图4-12所示。这些细节的设计不仅体现了企业对消费者的关怀，而且有利于企业形象的建设，有效地展现企业的社会责任感，赢得了消费者的信任。

图4-7　易膨胀液体的容器造型设计

图4-8　易挥发商品的容器瓶口设计

图4-9　油状商品的滴管式设计

图4-10　方便取食的瓶口设计

图4-11　方便使用的瓶口尺寸

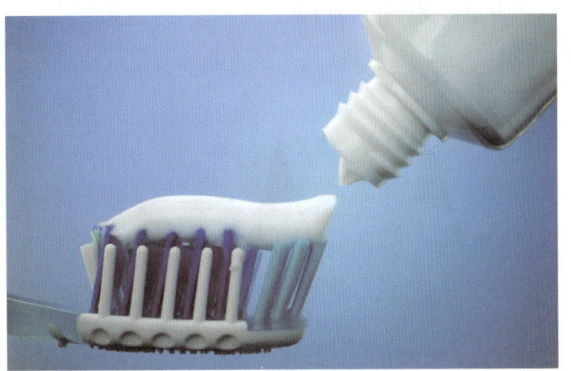

图4-12　牙膏的开口设计

3. 审美性原则

包装容器造型的美感是吸引消费者的主要因素，造型性格应与商品的属性、策略定位一致。图4-13所示的正六边形的蜂蜜包装的设计概念来自蜜蜂独特的蜂巢结构，众所周知，蜜蜂的蜂巢构造非常精巧、适用而且节省材料。蜂房由无数个大小相同的房孔组成，房孔都是正六角形，这个造型非常恰当地诠释了产品的属性；图4-14所示为著名的香奈儿5号香水。香奈儿女士崇尚简洁之美，她希望以简单而不花哨的设计为最初诞生的香水做包装。香水瓶设计为线条利落的长方体，透明的玻璃材质完美地展现香水迷人的金黄色，纯白色的方形瓶签与方形瓶体保持一致，"Chanel No.5"的黑色字体呈现于白色瓶签上，高雅大方，体现出现代女性的勇敢与自信。

图4-13 蜂蜜包装

图4-14 香水包装

4. 可行性原则

设计师应了解不同材料、不同加工工艺的特点和成本，在此基础之上进行设计，不能单凭想象展开工作，应充分考虑到容器的加工难度、材料应用、工艺层次、加工成本等方面的可行性。

4.1.2 容器造型设计的构思

1. 面的起伏

容器造型的材料为造型设计提供了更多的创意思维。在三维的造型设计中，容器面的起伏变化应从空间出发，强调不同视点的造型效果，为受众带来丰富的视觉感受，如图4-15和图4-16所示。

图4-15 面的起伏(1)

图4-16 面的起伏(2)

2. 体的加减

在基本体块的基础上运用相加或相减的手法而产生新的形态。加减能使容器造型的空间层次具有节奏感，如图4-17和图4-18所示运用的是加法，如图4-19和图4-20所示运用的是减法。

图4-17　运用加法的容器造型设计(1)

图4-18　运用加法的容器造型设计(2)

图4-19　运用减法的容器造型设计(1)

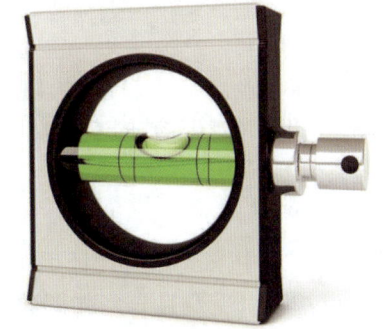

图4-20　运用减法的容器造型设计(2)

3. 仿生造型

仿生造型是对自然形态的模仿借鉴。人们对自然形态有种天生的亲切感，便于识别记忆商品信息，如图4-21～图4-23所示。

图4-21　仿草莓造型设计

图4-22　仿星星造型设计

图4-23　仿孕妇特征造型设计

4．通透变化

金属、玻璃、塑料等材料都具有透明、半透明、不透明性质。在进行容器造型设计时可充分发挥这种材料的性质，进行搭配处理，如图4-24和图4-25所示。

图4-24　利用通透变化形成的造型效果(1)

图4-25　利用通透变化形成的造型效果(2)

5．变异的手法

变异是在统一中求变化的设计手法，变异的部分可以从造型、肌理、色彩、材料入手，形成视觉焦点，吸引受众目光，如图4-26～图4-29所示。

6．在附件上做文章

包装容器造型的盖、底、托等附件也是设计的重点，在整体造型统一的前提下，这几个部分的奇巧构思可使包装脱颖而出，如图4-30～图4-32所示。

图4-26　造型变异的容器造型设计

图4-27　色彩变异的容器造型设计

图4-28 变异手法形成的造型效果

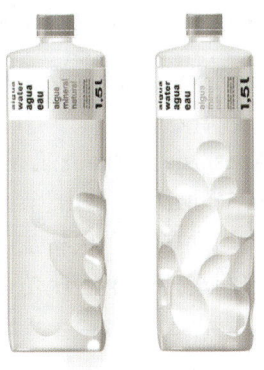

图4-29 肌理变异的容器造型设计

图4-30 瓶盖的造型与肌理形成视觉焦点

图4-31 瓶底的材料与瓶身材料的对比

图4-32 瓶盖与瓶身的材料对比

7．表面肌理处理

　　金属、玻璃、陶瓷等包装材料的容器造型运用表面肌理处理的手法，能够引起消费者视觉和触觉的双重感受，使其更具特色的同时也提高了容器的档次，如图4-33和图4-34所示。

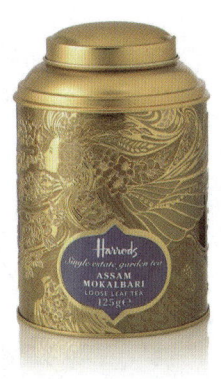

图4-33 金属容器的肌理效果

图4-34 玻璃容器的肌理效果

4.1.3　容器造型设计的步骤及方法

容器造型的设计过程一般要经过草图、效果图、模型制作和结构图等几个步骤，其间要不断地修改、完善。

以下以Anestasia Vodka酒瓶设计为例，逐一讲解设计步骤。

Anestasia Vodka酒瓶是由当今美国工业设计界的巨星凯瑞姆·瑞席(Karim Rashid)设计的。设计师的设计理念是引用伏特加(Vodka)角笔画的字母V和K字融入酒瓶的设计，采用非对称形式。玻璃的剔透使整个酒瓶仿佛是座冰山，沉稳冷静。这件包装作品参赛2013IF包装设计获得金奖，如图4-35所示。

图4-35　Anestasia Vodka酒瓶设计

1．草图和效果图

草图和效果图能够快速地表达设计的构思、基本形态、材质、色彩、效果，可以拓展设计思维，不断地调整设计方案，具有快速、准确、概括的特点。在工具的选择上，钢笔、水彩、马克笔等都各具特点，也可以用计算机绘制，简便易行，可以不断地修改加以完善，如图4-36和图4-37所示。

 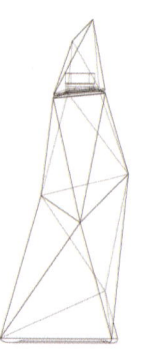  

图4-36　酒瓶草图　　　　　　　　图4-37　酒瓶效果图

2．制模

草图和效果图是在平面空间体现容器造型的设计构想，表现容器造型的效果并不完整，因此制作立体模型可以全方位地观察、推敲和验证设计构想，如图4-38和图4-39所示。

图4-38　酒瓶立体模型(1)

图4-39　酒瓶立体模型(2)

3．制图

容器的结构图一般是根据投影的原理画出的三视图，即正视图、俯视图和侧视图，有时根据需要还应表现底部平视图和复杂结构的局部图。结构图是容器定型后的制造图，因此，要求标准、精密，严格按照国家标准制图技术规范的要求来绘制，如图4-40所示。

4．计算机辅助设计

利用计算机的3D软件可以直接模拟容器造型的设计造型、色彩、结构、角度、材质等，更为直观。在现代数字控制切割的开模技术支持下，计算机与数控机床的联合可以较方便地制造模具，使此过程更为快捷、科学，如图4-41所示。

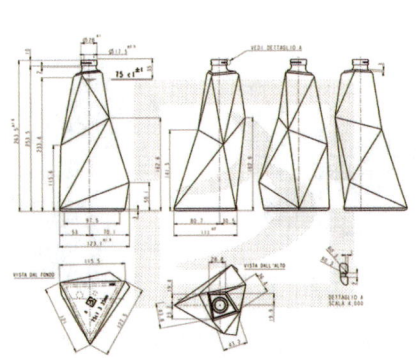

图4-40　三视图

图4-41　计算机辅助模拟设计

4.2　纸容器造型设计

纸容器具有材质轻便、成本低、适合多种印刷技术、易加工成型等特点。同时，在制造和储运期间可以折叠存放，节省空间，节约成本，是应用最为广泛的包装材料。

4.2.1　纸容器的基本形态

1．方形纸盒

方形纸盒具有方便生产、码放、储藏、运输、展示、成本低、适合大批量生产等特点，所以此类形态是人们最常用到的。方形包括正方形、长方形等，通过结构和附件的设计变化，派生出以方体为基本形态的纸盒，如图4-42和图4-43所示。

图4-42　方形纸盒(1)

图4-43　方形纸盒(2)

2．特殊形态纸盒

方形纸盒以外的纸容器称为特殊形态纸盒，如棱形造型、三角形造型、多面体造型、拟态造型等。在创意设计特殊形态纸盒时，要求纸盒容易折叠成型，方便运输储藏并将成本控制在合理范围内，如图4-44～图4-46所示。

图4-44　特殊形态纸盒(1)

图4-45　特殊形态纸盒(2)

图4-46　特殊形态纸盒(3)

4.2.2 纸盒的基本结构

一般纸盒是由盒盖和盒底组成，大多数纸盒的盒盖与盒底相连，也有一部分纸盒的盒盖与盒底是分离的。无论是相连还是分离，要根据纸张的材质与厚度合理设计。

1. 盒盖的类型

1) 普通型

普通型主要有摇盖式、锁扣式、帽盖式、天扣地式，如图4-47～图4-50所示。

图4-47　摇盖式

图4-48　锁扣式

图4-49　帽盖式

图4-50　天扣地式

2) 特殊型

特殊型主要有保险式、艺术式、手提式、抽屉式、开门式，如图4-51～图4-55所示。

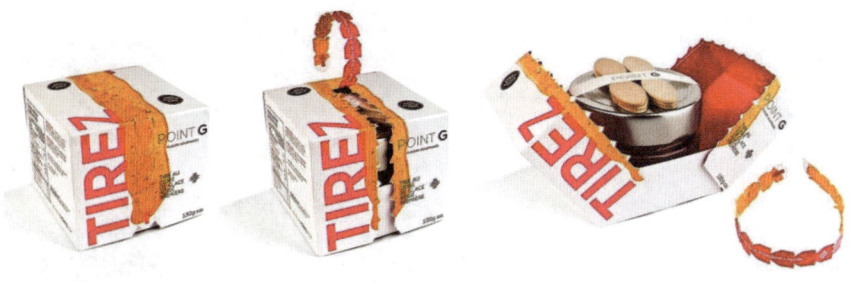

图4-51　保险式

图4-52　艺术式

图4-53　手提式

图4-54　抽屉式

图4-55　开门式

2. 盒底的类型

盒底的类型主要包括别插式、自动锁底式及摇盖式等，如图4-56～图4-58所示。

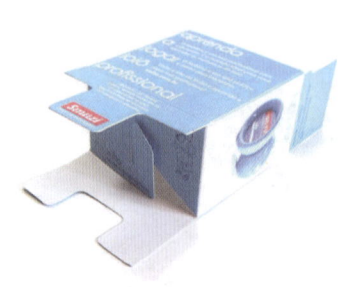

图4-56　别插式

图4-57　自动锁底式

图4-58　摇盖式盒底

第4章　包装设计的立体要素

纸盒包装制图符号如图4-59所示。

线型图例	线型名称	线型示意
———	粗实线	纸张裁切线
———	细实线	纸张尺寸规格
━ ━ ━	粗虚线	齿状压印模切线
- - - - -	细虚线	内折压痕线
— · — · —	点划线	外折压痕线
∿∿∿∿	破折线	纸张断裂压痕线
//////	阴影线	纸张涂胶区域范围
←———→	纸张方向线	纸张纹路肌理走向

图4-59　纸盒包装制图符号

4.2.3　纸盒设计的基本要求

通常包装纸盒的加工工艺包括印刷、模切、后期加工(烫金银、开窗、凹凸版、覆膜等工艺)、折叠成型等环节。纸盒设计应达到以下要求。

1．整纸成型

纸盒的加工工艺要求展开后必须是一张整纸，不加附件。如果添加附件，成型时必须方便，如图4-60所示。

2．可以压平

加工成型后的纸盒必须可以压平，以保存纸型，节省空间与成本，如图4-61所示。

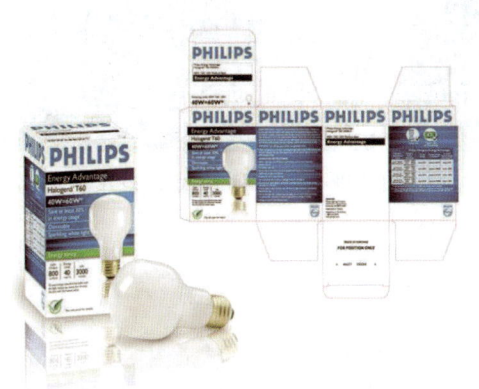

图4-60　整纸成型

图4-61　纸盒可以压平

3．提前黏合

为了纸盒成型的便利与准确，可以预粘某些部位。如自动锁底的结构，或特殊形态纸盒的造型。

4．成型快捷

纸盒成型时必须简易快速，形态牢固，方便工人操作，避免采取捆、扎等难以标准化的方法，如图4-62所示。

图4-62　成型简便快捷

4.2.4　纸盒的设计方法

1．纸盒的外形及尺寸大小

根据商品的特性、尺寸、销售环境、成本预算等确定包装的外形及尺寸大小，合理设计形态空间的利用率，不能在商品的前后左右留有太多的虚空间，既要保护商品，又要避免浪费，如图4-63和图4-64所示。

图4-63　根据商品确定包装外形

图4-64　根据商品确定包装尺寸

2．纸盒的构思

1) 异形设计

异形设计是指在常态纸盒结构的基础上，通过一些变化方法，使纸盒产生新的形态。

异形设计包括改变体面关系、改变折线、局部位置进行变化、利用纸张特性产生弧形面，如图4-65～图4-68所示。

图4-65　改变体面关系

图4-66　改变折线

图4-67　局部变化

图4-68　产生弧形面

2) 拟态设计

拟态设计是指模仿一些自然界动植物及某些人造物的形态特征进行纸盒造型设计。要求运用概括、简练的结构设计使包装造型生动亲切，如图4-69和图4-70所示。

图4-69　拟动物形态设计

图4-70　拟人造物形态设计

3) 联体设计

联体设计是指用整纸设计出两个或两个以上的纸盒的联结，如图4-71和图4-72所示。

图4-71 联体纸盒

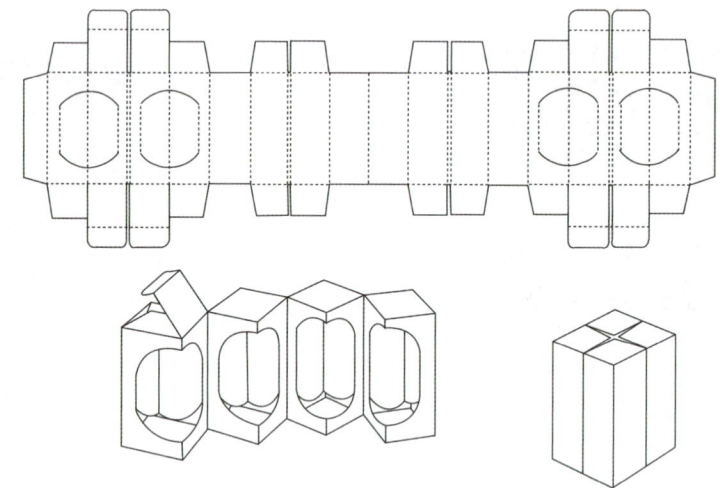

图4-72 联体纸盒展开图及效果图

4) 集合设计

集合设计是指利用整纸在包装内部结构形成间隔并可压平，如图4-73所示。

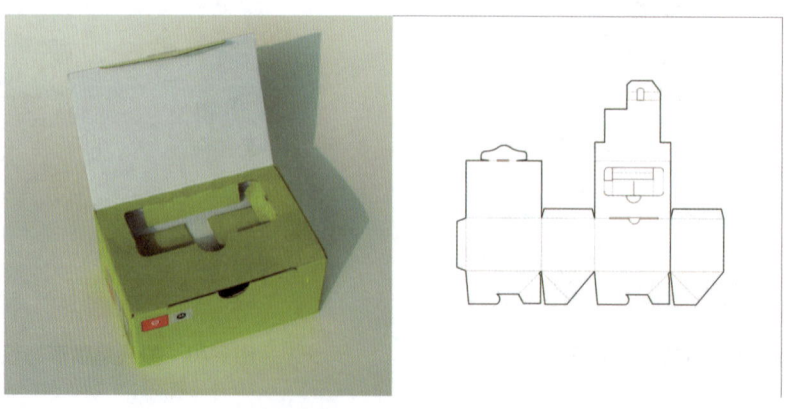

图4-73 集合设计

5) 附件设计

附件是纸盒之外的辅助部分。附件的材料可以是同质也可异质,但需注意附件设计要简洁合理,易于组合便于操作,如图4-74所示。

6) 悬挂设计

悬挂设计是指可将纸盒的的某一部分延展便于悬挂,使商品更加醒目,如图4-75所示。

图4-74　附件设计

图4-75　悬挂设计

7) 陈列设计

陈列设计又称为POP式包装设计,是指在销售环境中能够更好地烘托商品的纸盒设计方法,如图4-76和图4-77所示。

图4-76　陈列设计(1)

图4-77　陈列设计(2)

3．纸盒的固定

黏结或打钉是纸盒固定的常见方法,随着绿色包装观念的发展,纸盒的固定方式越来越注重无胶成型,利用纸盒本身的结构固定纸盒。这种固定方法经济美观,在一定程度上可以减少纸盒成型的工序,提高效率,易于操作。无胶成型是纸盒固定设计的发展方向,如图4-78所示。

图4-78 无胶成型

锁口结构

在纸盒的成型过程中也可不使用黏合剂，而是利用纸盒本身某些经过特别设计的锁口结构，令纸盒牢固成型和封合。

锁口的方法很多，大致可以按照锁口左右两端切口形状是否相同来区分。一是互插：切口位置不同，而两边的切口形状完全一致，是两端相互穿插以固定纸盒的方法。二是扣插：这种方法不但切口的位置不同，其形状也完全相背，是一端嵌入另一端切口内，如图4-79所示。

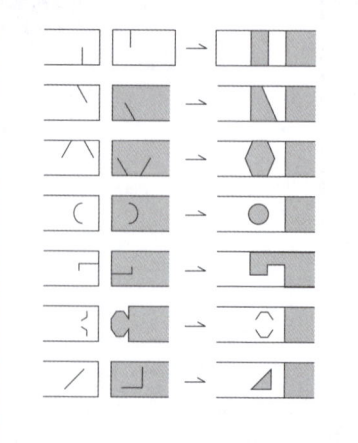

图4-79 锁口结构

4. 纸盒的便利

纸盒的造型设计除了符合包装的创意策略外，还要满足使用时的便利，如开启、取放等环节。另外，在纸盒细节的处理上还要美观，如将插舌两端约1/2处做圆弧切割，这样做可使插舌两端垂直的部分与盒壁摩擦而产生牢固的关系，使插接更加牢固。这样既美观又符合物理功能要求，如图4-80所示。

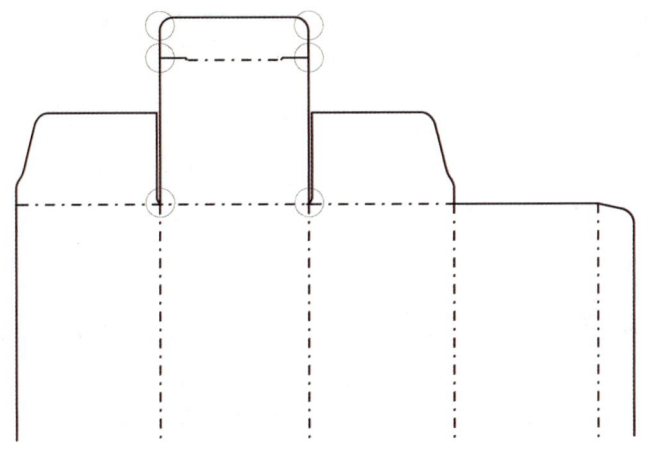

图4-80　纸盒的便利性设计

5. 纸盒的节约

纸盒设计要考虑到印刷和模切时的排版，例如，小型纸盒的盖与底，分别与盒子的正、背面结合。这样可以上下套裁，做到最大限度地节约纸张，如图4-81所示。

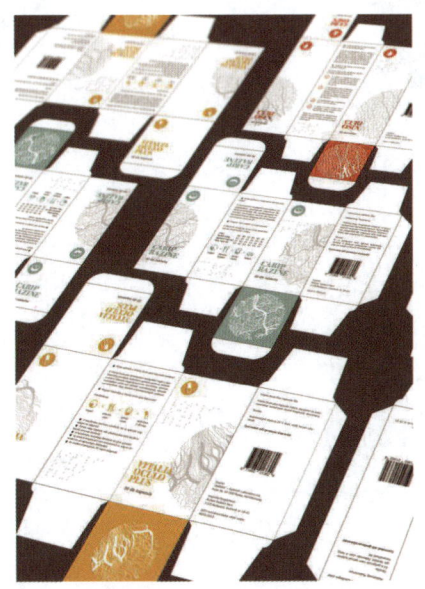

图4-81　纸盒的节约性设计

开窗设计

开窗设计使消费者可直观地看到商品实物或内包装的局部或全部，这种结构的最大特点，就是给消费者以真实可信的视觉信息，消费者不用打开包装即可知道内容物的大小形状甚至部分功能，是诸多商品乐于选择的包装形式。一般要在开窗处的里面贴上PVC透明胶片以保护商品。

开窗的形式有多种，简单来说包含几个要素：一是开窗的位置。常见的位置有包装正面、侧面等。二是开窗的面积。面积的大小要考虑包装的体积，开得太大会影响盒子的牢固，太小则不能看清商品。三是开窗的形状，开窗的形状要符合商品属性、创意定位，造型美观简练，不易繁复，不能喧宾夺主。图4-82所示的开窗位置在包装正面，形状是栅栏的形态，与西红柿的商品属性相符；图4-83所示的开窗设计创意独特，每一个开窗都透出商品局部，与画面女性形象巧妙地融为一体；图4-84所示开窗将商品的"2"号的概念通过开窗形式出现在包装画面中心部位，使消费者一目了然；图4-85所示是大面积开窗，开窗位置占据包装盒的正面、两侧、顶面三个位置，开窗面积将近包装的一半，商品几乎完整地呈现，消费者能够清楚地看到商品，为购买提供了直观的信息；图4-86所示的开窗位置在两个面相交处，形状好似咬痕，充满趣味地传递出饼干很好吃的广告概念。

图4-82　开窗设计(1)

图4-83　开窗设计(2)

图4-84　开窗设计(3)

图4-85　开窗设计(4)

第4章 包装设计的立体要素

图4-86 开窗设计(5)

案例4-1

贝玲妃(Benefit)反恐精英底霜包装盒设计

贝玲妃,是一个成长于美国、崛起于美国的化妆品品牌,它的包装极具创意和幽默感,走精灵古怪的复古路线。小铁罐、铅笔盒、黑胶唱片都被运用其中。反恐精英底霜是贝玲妃旗下的一款知名产品,如图4-87所示。看似简单的包装纸盒内含一些有趣的小设计。产品尺寸为高116 mm,顶部长34 mm,底部直径21 mm,如图4-88所示。包装里面有产品和说明书,图4-89所示为产品说明书,尺寸为38 mm×77 mm,根据这个尺寸包装盒的成品尺寸定为123 mm×36 mm×31 mm,如图4-90所示,合理地设计了形态空间的利用率,这个包装纸盒在方形摇盖式纸盒的基础上,延长纸盒的各个部分,在包装内部结构形成间隔,如图4-91所示;外部增加展示功能,如图4-92所示;同时达到了整纸成型和可以压平的要求,如图4-93~图4-95所示。成型后的延长部分可以折叠,使包装盒保持方形形态便于码放、储运,预粘的某些部分使纸盒成型时简易快速,形态牢固。

图4-87 反恐精英底霜

图4-88 产品包装尺寸

包装设计

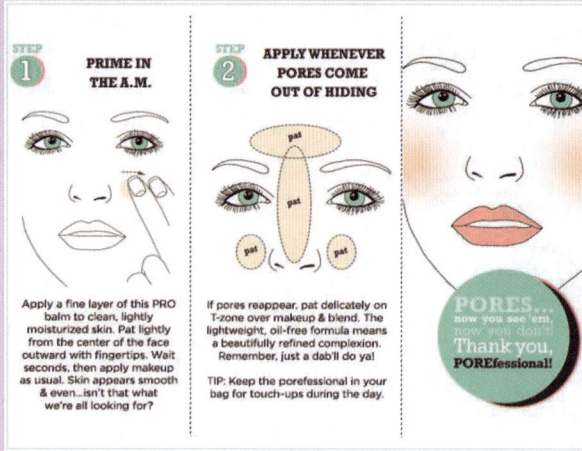

图4-89　产品说明书

图4-90　产品外包装盒尺寸

图4-91　包装盒内部结构

图4-92　包装盒外部的功能展示

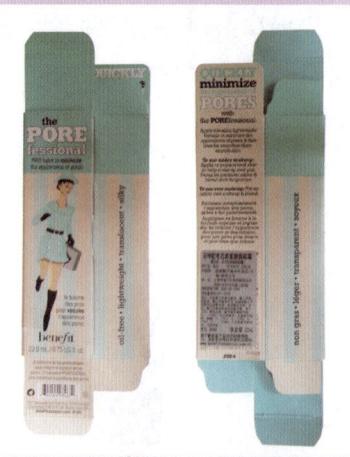

图4-93　包装盒可压平

图4-94　包装盒成型效果

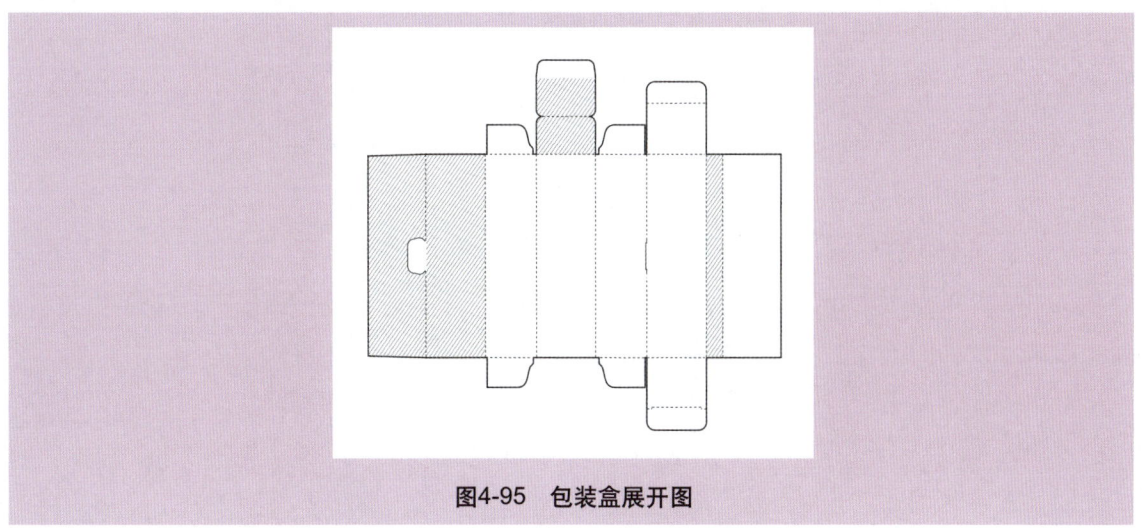

图4-95　包装盒展开图

包装造型设计，首先，是处理包装的物理条件，满足包装应起到的基本功能；其次，要综合考虑形态、色彩、质感、造型、空间、材料、触觉、商品等特性：这些是容器设计的重点所在。一件优秀的包装造型设计犹如一件艺术品，能带给消费者视觉与触觉的双重享受。

1. 选择一件优秀的包装容器造型，进行容器的材料、形态、造型、结构图的分析。
2. 选择一件优秀的纸包装容器造型，进行设计形式、方法、结构图、设计原理的分析。

实训课题一：香水包装容器造型设计。
(1) 内容：为现代都市白领女性设计一款香水的包装容器造型。
(2) 要求：以玻璃为主要材质进行构思，展现现代都市白领女性独立、自信的气质。设计内容包括草图、效果图、模型或计算机三维演示。

实训课题二：鸡蛋包装容器造型设计。
(1) 内容：为鸡蛋设计一款纸容器包装，内装八颗鸡蛋。
(2) 要求：包装结构合理，鸡蛋不会破损，体现包装的保护功能。要求绘出纸型的平面图、立体图。

第5章

包装设计的平面要素

学习要点及目标

- 掌握各个要素的特点及设计规律。
- 掌握各种要素的相互配合并与创意概念一致。

核心内容

图形设计　色彩设计　文字设计　版式设计

案例导入

星巴克冰镇奶咖包装设计

星冰乐法布奇诺(Frappuccino)是一种冰镇牛奶、咖啡混合饮料。这种饮料在星巴克的专卖店里很热销，然而，一直有一个重要问题有待解决。尽管这种饮料喝起来很可口，但是在运输途中，牛奶、咖啡这两种成分容易产生分离，形成不同的颜色层。为了弥补这一缺陷，需要一张包裹瓶子的标签，这意味着有许多空间留给平面设计。

Frappuccino是单词frappa和cappuccino的组合，前者是冰镇、凉爽的液体的意思，后者则是著名的意大利泡沫牛奶咖啡。产品定位为老少皆宜的、有趣的饮料，所以，设计师首先从产品名字的字体着手，字体要求手写效果，并且给人以生动、活泼的感觉，如图5-1所示。

图5-1　产品名称字体设计

最初阶段的工作，集合了许多精彩的设计元素，如星巴克的文字标识；旋涡状的图形，这个图形源于蒸汽的概念，曾经用于纸巾、商店的口袋以及礼品盒的包装上，现在将蒸汽的图形颠倒过来，用于牛奶咖啡的包装上也很合适；Frappuccino这一组合而成的名字；牛奶咖啡的口味以及其他信息。整个瓶子的装饰作为文字标识的背景，其中有活泼的文字、小丑图案等(见图5-2)，还有旋涡、螺旋形物体、冰柱等图案，如图5-3和图5-4所示。

图5-2　瓶身草图(1)

图5-3　瓶身草图(2)

图5-4　瓶身草图(3)

瓶子上的图形有咖啡叶子、咖啡浆果等。但每一个瓶子上都由星巴克的圆形标志作为重要特征。每个瓶子的设计上也都区分咖啡、牛奶的层次感，如图5-5～图5-8所示，客户对于这些创意，反响很不错。同时提出的修改意见为"注意力过多地集中在咖啡种植上，而忽略了牛奶咖啡的口味"。接下来的工作是对各个方面进行细节处理，诸如：咖啡名称的字体应该如何？作为背景的旋涡图形明显程度如何？如何区分咖啡的口味，是原味咖啡，还是阿拉伯风味的摩卡咖啡？

图5-5　包装设计方案(1)

图5-6　包装设计方案(2)

图5-7　包装设计方案(3)

图5-8　包装设计方案(4)

　　选择了一种创意后，每一个元素都独立发展。Frappuccino这一文字标识由设计师乔治绘制，然后扫描进计算机，在周围加上红点、绿点的阴影，给人以意大利传统咖啡Cappuccino的感觉，如图5-9所示。按照行业规定，产品的具体信息必须在瓶子前面、后面都标出来，这些规定是非常重要的。另外，设计人员还花了几天时间，用以确定瓶子从上至下的颜色层次，如图5-10所示。

　　设计工作的一个重要元素是如何处理旋涡图形由上至下、深浅不同的层次。图5-11和图5-12采用颜色标尺，对渐变的颜色做精确的测试。然后再通过凹版印刷的方法，印刷出包裹瓶子的标签。由于计算机制作的颜色不太准确，所以设计人员多次尝试渐变的颜色层次。一系列色彩通过计算机加以测试，为取得精确的效果，还对色度、亮度等进行复杂的计算，并且记录在色块上端，如图5-13所示。最后，终于克服了难题。成型的包装，其旋涡状的图形非常柔和。另外，通过计算机处理，在背景加上圆点和星星图案，如图5-14和图5-15所示。最后的设计是非常可爱的优等作品，如图5-16所示。瓶子不是圆形的，而是四方形的，每个侧面又带有圆弧形，底座和顶部都是圆形的。如今产品的名字成了一个商标，具有自己的个性特征，并且该商品跨越了销售的坎儿，拥有了许多忠实顾客。

图5-9　文字标识设计

图5-10　包装的色彩层次

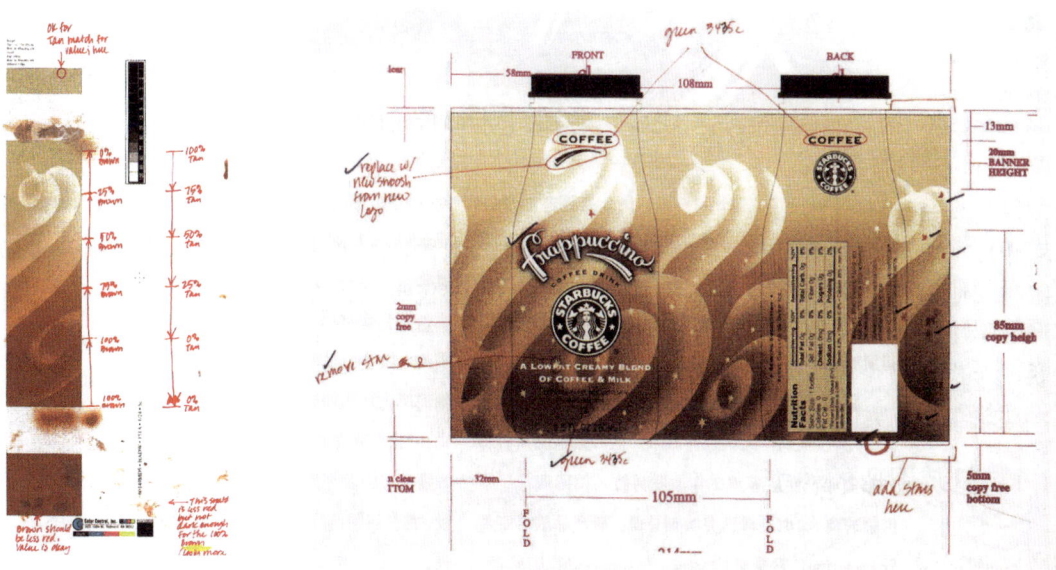

图5-11　包装渐变色设计(1)　　　　　　　图5-12　包装渐变色设计(2)

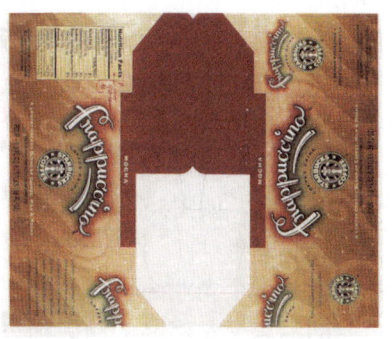

图5-13　经计算机处理的色块　　　　　　图5-14　包装设计终稿展开图(1)

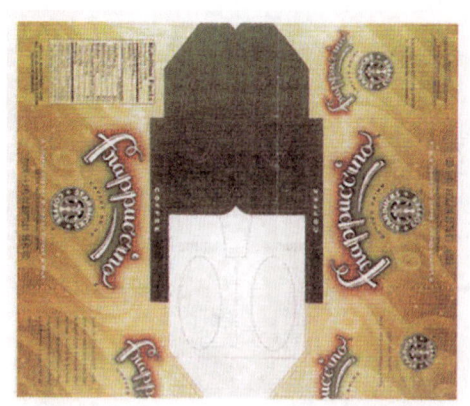

图5-15 包装设计终稿展开图(2)

图5-16 最终效果

(资料来源：斯达福德•科里夫. 世界经典设计50例：产品包装[M]. 李震宇译. 上海：上海文艺出版社，2001.)

5.1 包装图形设计

包装设计中的图形要素往往是构成包装整体形象的主要部分。它具有丰富多样的表现形式和直观生动的表述能力，能将商品的信息有效地传递给消费者，快速地吸引消费者的目光，激发他们的好奇心，引发购买行为。一件完整的包装设计往往是由多个图形构成，有的图形必不可少，如标志图形；有的诠释着包装主题；有的指导消费者如何使用商品等。图形的表现形式有照片、插画、图案等多种形式，因此，包装中的图形设计是在创意概念的指导下，功能性和审美性的高度统一。

5.1.1 包装图形的种类

1．标志图形

标志图形是包装必不可少的元素，可分为以下几种类型。

1) 商品品牌标志图形

在包装设计中，商品品牌标志是商品在流通、销售中的身份识别，也是消费者认知商品的依据。有些知名品牌的商品常常采用品牌包装战略，在包装设计上大面积地展示品牌标志图形，突出品牌形象，传递品牌信息，如图5-17所示。

2) 企业标志图形

企业标志是一个企业的符号形象。有的企业标志既是企业的标志又是商品的品牌标志，如图5-18和图5-19所示。

图5-17 商品品牌标志图形

图5-18　企业标志

图5-19　企业标志与商品品牌标志

3) 质量认证标志和行业符号

常见的有国家质量认证标志、绿色环保标志、绿色食品标志、条形码、回收再生标志，在流通过程中的储运指示标识、在使用过程中的说明符号、废弃方式标识、开启方式标识等，一些特殊商品还有专用标志，具体如图5-20～图5-24所示。

图5-20　国家质量认证标志

图5-21　回收再生标志

图5-22　绿色食品标志

图5-23　条形码

图5-24　回收标识

2．商品形象图形

在包装上展示商品形象是最常见的设计方法之一。为了满足包装的保护功能、储运功能，很多包装都是封闭的，因此常通过照片或写实插图来展示商品的形象，使消费者能够获得必要的信息，达成购买决策，如图5-25和图5-26所示。

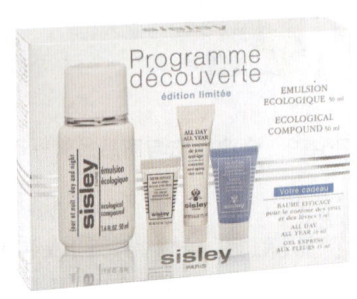
图5-25　商品形象图形(1)

图5-26　商品形象图形(2)

3．原材料图形

将商品的原材料呈现于包装画面中，有助于消费者更好地了解商品，如图5-27和图5-28所示。

图5-27　原材料图形(1)

图5-28　原材料图形(2)

4．特征图形

特征图形是指将商品的某个特点或特性表现在包装的图形设计中，如图5-29和图5-30所示。

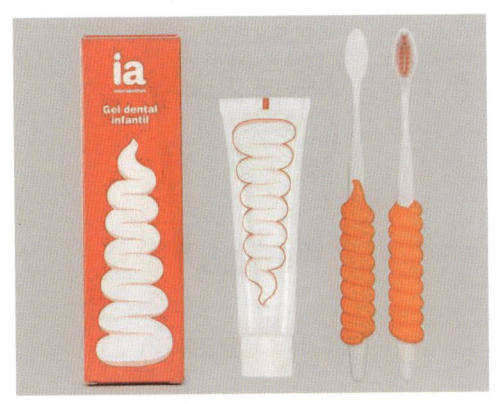
图5-29 商品特征图形(1)

图5-30 商品特征图形(2)

5．产地图形

有些商品是当地特产,将产地的景色或风土人情图形化呈现,增加了商品包装的特色,如图5-31所示。

6．消费者形象图形

在包装上展示商品的适用对象的形象,也是包装图形的主要内容之一。消费者形象图形的设计要求准确、健康,能在情感上让消费者产生好感与共鸣,如图5-32所示。

图5-31 产地图形

图5-32 消费者形象图形

7．示意图形

为了使消费者准确地使用商品,将使用方法、操作步骤用图形的方式解说,体现出对消费者的关怀,如图5-33和图5-34所示。

8．象征图形

象征图形展示的不是商品本身,而是激发消费者的联想,增加商品的趣味性。运用比喻、借喻、象征等表现手法,丰富商品包装的形象特征,如图5-35～图5-37所示。

图5-33 示意图形(1)

图5-34 示意图形(2)

图5-35 象征图形(1)

图5-36 象征图形(2)

图5-37 象征图形(3)

9．装饰图形

装饰图形能够提升包装的形式美感。无论是抽象图形还是装饰纹样，既可作为包装的主体图形也可作为辅助图形，如图5-38和图5-39所示。

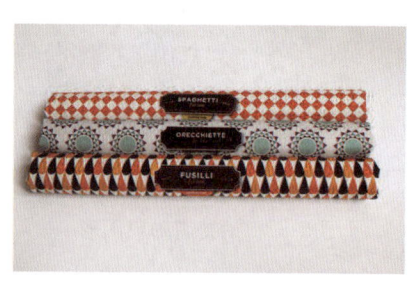
图5-38 装饰图形(1)

图5-39 装饰图形(2)

5.1.2 包装图形的表现形式

图形的表现形式多种多样，风格迥异，主要归纳为3种：摄影图片、插画和抽象图形。

1．摄影图片

摄影图片的最大优势是它的真实性，最容易赢得消费者的信任，因此，摄影图片往往广泛地应用于包装设计。它能够真实、清晰、完美地体现商品的面貌、功能、特点，使商品信息得以充分表达。随着摄影、图像处理软件等技术的不断发展，摄影图片的质量不断提升，在包装设计的图形种类中具有不可替代的地位，如图5-40和图5-41所示。

图5-40　摄影图片形式(1)　　　　　　　　图5-41　摄影图片形式(2)

2．插画

如果说真实性是摄影图片的最大优势，那么插画的个性化和多样性则使它别具一格。摄影技术的广泛应用促使插画由注重形似逐渐转化为强调意念的表达、情景的营造、个性化的视觉体验。插画的绘制工具和表现技法多种多样，没有一定之规，因此，视觉效果十分丰富、新颖，为包装的图形设计提供了更丰富的视觉语言，如图5-42～图5-44所示。

图5-42　插画形式(1)　　　　图5-43　插画形式(2)　　　　图5-44　插画形式(3)

3．抽象图形

将抽象图形应用于包装设计，为消费者提供了丰富的想象空间。运用点、线、面的形式法则诠释设计主题，使抽象图形与商品内容相关联，通过强烈的暗示性，激发消费者的视觉经验使其产生联想，从而了解商品的相关信息，增强包装的独特魅力，如图5-45和图5-46所示。

图5-45　抽象图形形式(1)　　　　　　　　图5-46　抽象图形形式(2)

5.1.3　包装图形的设计原则

1．准确性

包装设计中的图形设计，首先要符合创意概念的要求，如以商品特征为卖点的包装策略，图形的设计要突显这种商品的特征；其次，表现形式要合理，有的包装创意适合摄影图形，有的适合个性化的插画，要做到内容与形式的统一。

为了增强包装的视觉效果，对图形进行适度的美化是必要的，但不能言过其实，更不能表里不一。图形在包装设计中的准确使用不仅体现着设计师的能力，更重要的是代表了商品的品质和企业的信誉，如图5-47和图5-48所示。

图5-47　体现准确性的包装图形(1)　　　　　图5-48　体现准确性的包装图形(2)

2．创意性

当今的营销体系对包装设计提出了更高的要求，如何使商品通过包装设计在众多的同类商品中脱颖而出，是设计师必须要面对的课题。加强包装图形的创意性，运用图形创意思维，将想象、同构等创作技巧应用于包装设计中，会使商品产生一种意想不到的吸引力，它能迅速地引起消费者的注意并使之产生好感，使信息的传递更加有效，有力地促进销售，如图5-49～图5-51所示。

图5-49 创意包装图形(1)

图5-50 创意包装图形(2)

图5-51 创意包装图形(3)

5.2 包装色彩设计

当消费者置身于琳琅满目的商品之中时，最先感知的是包装的色彩，它能够吸引人们的注意力，同时产生心理变化和情感反应。因此，色彩的设计是包装成功的重要因素之一。包装的色彩设计要依据商品、市场、消费者的具体情况，分析包装创意策略，运用丰富的色彩理论知识和专业的设计技巧，达到准确而精彩的视觉效果。

5.2.1 包装色彩的感性设计

人们面对色彩时都会展开主观的联想，在包装中可根据这种主观的联想来进行色彩设计，使色彩成为"感觉"传达的重要媒介。

1．色彩的味觉感

在生活中，人们往往根据色彩经验来判断味觉感，如绿色给人酸味感，粉红色给人甜味感，黑色、咖啡色给人苦味感，等等。在食品包装设计中，这种色彩味觉感的设计尤为重要，如图5-52所示。

图5-52 食品包装的色彩味觉感

2. 色彩的轻重感

色彩的轻重感通常是由色彩明度决定的。一般来说，明度高的色彩给人感觉较轻，明度低的色彩给人感觉较重，即浅色感觉轻，深色感觉重。色彩的轻重感可应用于商品属性的塑造：图5-53是婴幼儿用品，色彩的搭配是明度较高的浅黄色调，具有温暖的轻柔感，与产品属性吻合；图5-54是沉稳的黑灰色调的包装，属于低明度的色彩搭配，显得很有档次。

图5-53　高明度的色彩包装　　　　图5-54　低明度的色彩包装

3. 色彩的冷暖感

在色环中，红色、橙色、黄色为暖色系，蓝色为冷色系，绿色和紫色为中间色系。暖色系给人温暖感、幸福感；冷色系给人清冷的感觉；中间色系较为稳重，能带给人信赖感，如图5-55所示。

图5-55　包装色彩的冷暖感

4．色彩的秩序感

在同一画面中，面积相同、色相不同的两块颜色会产生前后空间感和面积的扩张感等。这种感觉来自色彩的明度与色相，也与视错觉有关。利用色彩的秩序感能够更好地营造画面层次，使信息的传递有主有次，如图5-56和图5-57所示。

图5-56　包装色彩的秩序感(1)

图5-57　包装色彩的秩序感(2)

5．色彩的质感

色彩能够营造质感，如柔滑的质感、坚硬的质感、金属的质感等。图5-58的色彩表现水的清澈，图5-59的金属质感体现商品的高贵品质。

图5-58　色彩体现水的清澈

图5-59　包装色彩的金属质感

调动包装色彩的感情因素表现不同的创意策略，能够对消费者产生一定的诱导性，但应注意不能把这种"感觉"概念化、简单化。色彩不是孤立存在的元素，它必须依附于其他设计元素,并与其他设计元素相互配合,共同服务于包装设计主题,简单片面地处理色彩元素会使包装失去视觉冲击力。

5.2.2 包装色彩的理性设计——对比与调和

色彩的对比与调和在某种意义上是包装色彩设计的基本形式。对比是强调两色之间的差异,调和是强调两色之间的共性。色彩通过色相、明度、纯度、补色以及冷暖的综合对比呈现出调和或不调和的色彩关系,产生不同的视觉效果。色彩的对比关系有强弱之分,差异越大对比越强,对比强烈的色彩关系能使包装更醒目、更直观。调和能使色彩关系协调,在画面中再多的色彩经过调和与处理也不会产生混乱,而是呈现一种和谐感。

1. 色彩的对比

色彩的对比关系包括色相对比、明度对比、纯度对比、补色对比、冷暖对比等。图5-60是色相对比关系,图5-61是补色对比关系。

图5-60　色相对比关系

图5-61　补色对比关系

2. 色彩的调和

1) 色彩属性的调和

每一种色彩都具备色相、明度、纯度三个属性。在色彩搭配时,将其中的某一属性统一或近似,就能起到调和的作用。图5-62是色彩纯度的调和,图5-63是色彩明度的调和。

图5-62　色彩纯度的调和

图5-63　色彩明度的调和

2) 极色、金属色的调和

黑色、白色属于极色,金色、银色属于金属色。当两种色彩处于不调和的状态时,它们之间加入这些颜色就能变得协调。极色和金属色能够与任何颜色形成调和的色彩关系，如图5-64和图5-65所示。

3) 色彩面积的调和

当色彩面积形成对比关系时，面积大的色彩成为画面的主色调，如图5-66所示。

图5-64　极色的调和

图5-65　金属色的调和

图5-66　色彩面积的调和

5.2.3　包装色彩设计原则

1．传递商品信息

包装的色彩与商品内容之间会自然地形成一种内在的联系。每一类别的商品在消费者的印象中都有着根深蒂固的"概念色""形象色""惯用色"，如咖啡色、香芋色、柠檬黄、茶色等，人们有着凭借包装色彩对商品性质进行判断的习惯。同样的色彩在不同类别的商品中形成的象征概念也有差别。例如，图5-67所示药品包装中的绿色表示止痛，图5-68所示红色表示滋补保健；而在果汁饮料中，绿色往往是葡萄或猕猴桃的代表色、红色是苹果或草莓的代表色，如图5-69和图5-70所示。这些视觉特点是由于人们长期的感性积累，并由感性上升为理性而形成的特定概念，它成为人们判断商品性质的一个信号，因而它对包装的色彩设计有着重要的影响。对于常用商品形象色，一般不能违反，否则会影响商品销售。

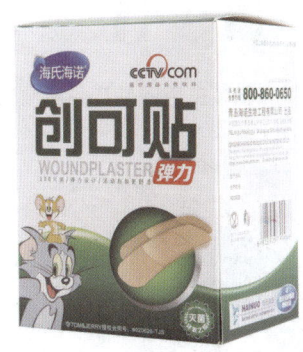
图5-67　药品包装中绿色象征止痛

图5-68　药品包装中红色象征滋补保健

图5-69　果汁饮料包装中绿色代表葡萄等

图5-70　果汁饮料包装中红色代表草莓等

2．符合企业形象和营销策略

包装设计中的色彩设计应配合具体的包装策略来进行设计，以保证营销策略的成功实施。企业形象策略中，包装的色彩设计应严格使用标准色、辅助色，不能任意地改变，必须与企业的整体形象相吻合。例如，图5-71和图5-72所示的包装主色调是产品的标准色，因此，使用时要准确。图5-73所示为体现节日气氛的色彩搭配；图5-74中包装的主色调代表着消费者的肤色，表示产品的适用人群。

图5-71　包装主色调是产品标准色(1)

图5-72　包装主色调是产品标准色(2)

图5-73　体现节日气氛的色彩搭配

图5-74　包装主色调体现适用人群

3．注意局限性和适应性

不同的目标市场，由于民族、风俗、习惯、宗教、喜好的原因，对色彩也有着不同的理解。不同的消费群体之间有差别，城市与乡村之间有差别，不同民族之间有差别，不同的国家和地区之间也有差别。设计师应根据不同的市场属性特征来进行色彩设计。

知识拓展

色彩模式

1．RGB色彩模式

自然界中绝大部分的可见光谱可以用红、绿和蓝三色光按不同比例和强度的混合来表示。RGB分别代表着三种颜色：R代表红色，G代表绿色，B代表蓝色。RGB模型也称为加色模型。RGB模型通常用于光照、视频和屏幕图像编辑。

RGB色彩模式使用RGB模型为图像中每一个像素的RGB分量分配一个0～255范围内的强度值。

2．CMYK色彩模式

CMYK色彩模式以打印油墨在纸张上的光线吸收特性为基础，图像中每个像素都是由青(C)、品红(M)、黄(Y)、黑(K)色料按照不同的比例合成。每个像素的每种印刷油墨会被分配一个百分比值。CMYK色彩模式的图像中包含着4个通道，我们所看见的图形是由这4个通道合成的效果，如图5-75所示。

图5-75　CMYK色彩模式合成的图像效果

在制作用于印刷色彩打印的图像时，要使用CMYK色彩模式。RGB色彩模式的图像转换成CMYK色彩模式的图像会产生分色。如果使用的图像素材为RGB色彩模式，最好在编辑完成后再转换为CMYK色彩模式。

3．HSB色彩模式

HSB色彩模式是根据日常生活中人眼的视觉特征而制定的一套色彩模式，最接近于人类对色彩进行辨认的思考方式。HSB色彩模式以色相(H)、饱和度(S)、亮度(B)描述颜色的基本特征。

> 知识拓展

印刷标准色谱

在包装色彩的设计过程中，正确地做出色彩设定以达到理想的印刷品质是非常重要的。包装设计的电子文件中的文字、图像图形元素都是由青(C)、品红(M)、黄(Y)、黑(K)四色以互相叠印产生的。所以设计人员最好准备一套标准的四色色谱，以便准确选择使用的颜色。根据标准色谱上的CMYK数值，在Photoshop、Illustrator应用软件中输入正确的参数。使用印刷标准色谱可以做最精确的色彩设定，有效地控制色彩的品质，如图5-76和图5-77所示。

图5-76 印刷标准色谱(1)

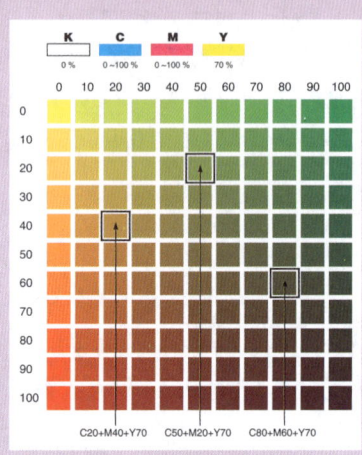

图5-77 印刷标准色谱(2)

5.3 包装文字设计

文字是包装设计元素中不可缺少的必要元素，是信息传递最直接、最准确的载体。文字不仅传递信息，同时，通过字体的表现形式展示着商品属性、品牌形象、特色优势。有的包装设计只运用文字元素就获得了独特的视觉效果，如图5-78～图5-81所示。

图5-78 运用文字元素设计的包装(1)

图5-79 运用文字元素设计的包装(2)

第5章 包装设计的平面要素

图5-80　运用文字元素设计的包装(3)

图5-81　运用文字元素设计的包装(4)

5.3.1　包装文字的种类

依据文字在包装中的功能作用，一般可将包装中的文字分为3个主要部分，即品牌形象文字、宣传性文字和说明性文字，如图5-82和图5-83所示。

图5-82　包装文字种类示例(1)

图5-83　包装文字种类示例(2)

1．品牌形象文字

品牌形象文字包括品牌名称、商品名称、企业标识名称等。这个部分的文字放置在主画面的主要位置上，是消费者认识商品、辨别商品、记忆商品的首要因素。因此，这个部分的字体设计是包装设计的重中之重,要求既要保证阅读的顺畅,又要保证视觉效果的独特性,做到易记易读。

2. 宣传性文字

宣传性文字是宣传产品特点、优势的广告语。广告语的字数不宜过多,要求简洁、生动、真实。这个部分的文字放置在主画面的次要位置上,形式多变,但从视觉强度上不能越过品牌形象文字。

3. 说明性文字

说明性文字包括企业信息和商品信息两大部分。企业信息包括企业名称全称、地址、网址、邮编、电话、传真等;商品信息包括品牌名称、口味、规格、成分、使用方法、注意事项、生产日期等。这个部分的文字放置在次要画面上,如包装的侧面、背面。由于这部分的文字内容翔实,因此,在字体的选择上通常采用易于阅读的印刷字体。

5.3.2 包装文字的设计应用

1. 品牌字体设计的变化范围

品牌文字通常由几个文字或字母组合而成,这几个文字(字母)的组合排列形成多种变化,如横排、竖排、自由排列等,无论怎样变化都应考虑人们的阅读习惯。具体到每一个文字(字母)的变化,可以从文字的外形、结构、笔形等方面变化设计,结合排列方式形成完整的品牌形象,如图5-84~图5-89所示。

图5-84　品牌字体设计(1)

图5-85　品牌字体设计(2)

图5-86　品牌字体设计(3)

图5-87　品牌字体设计(4)

图5-88　品牌字体设计(5)

图5-89　品牌字体设计(6)

2．宣传性文字的设计规律

宣传性文字往往是由几个字组成的一句话、一个词、几个词甚至是单独的一个字。这类文字的设计可以通过一些装饰手法增强视觉效果，如添加阴影、图案、几何形背景等，但视觉效果不能强过品牌形象，如图5-90～图5-93所示。

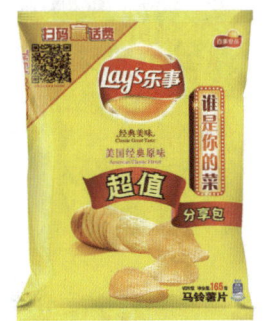
图5-90　宣传性文字设计(1)

图5-91　宣传性文字设计(2)

图5-92　宣传性文字设计(3)

图5-93　宣传性文字设计(4)

3. 功能性说明文字的排列方法

功能性说明文字由于字数较多，内容丰富，因此，在排列上需要有一定的规划，使之条理清晰。常用的排列方式有齐头齐尾式、齐头不齐尾式、齐尾不齐头式、齐中轴式、绕图排列式等，如图5-94～图5-98所示。

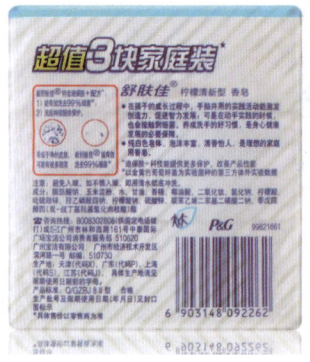

图5-94　功能性说明文字的排列(1)　　图5-95　功能性说明文字的排列(2)　　图5-96　功能性说明文字的排列(3)

图5-97　功能性说明文字的排列(4)　　　　　　图5-98　功能性说明文字的排列(5)

知识拓展

字　库

字库是外文字体、中文字体以及相关字符的电子文字字体集合库。字库的品牌有方正字库、汉仪字库、文鼎字库等。这些字体开发商为我们提供了许多不同造型的字体，如中文字库中的宋体、黑体、楷体、隶书、魏碑、幼圆等多达上百种字体，如图5-99所示。有的字体以家族的形式出现，在共通的设计之外，又有不同的变化，如字体的宽度、粗细、斜度等。英文字体方面，基本家族有正体、粗体、斜体及粗斜体4种，如图5-100所示。中文字体家族，一般分不同粗细，如细宋、中宋、粗宋及超宋等，如图5-101所示。全面地了解字库中丰富的字体并恰如其分地应用，是包装设计师的基本技能。

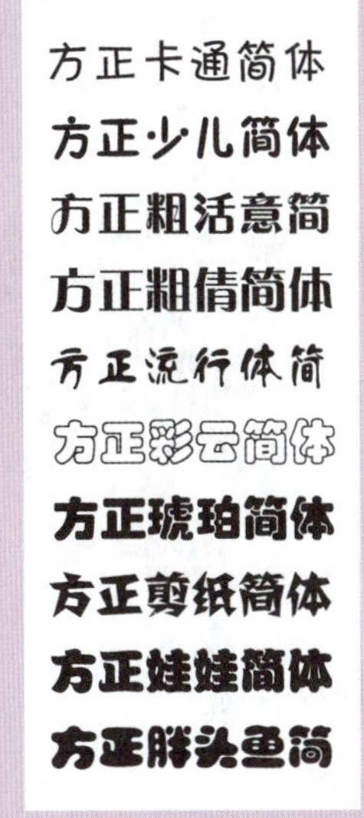

图5-99　中文字体 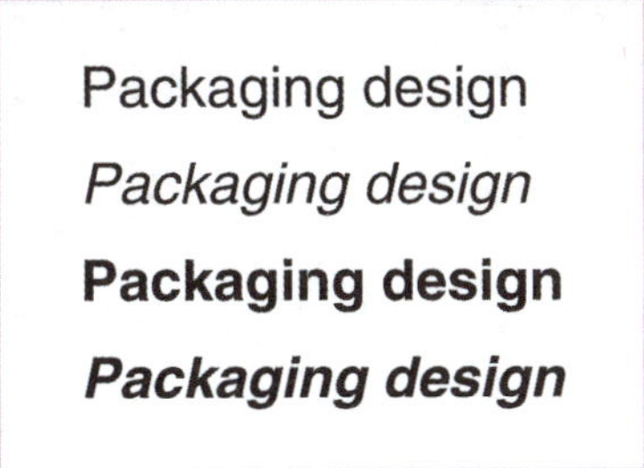　　图5-100　英文字体 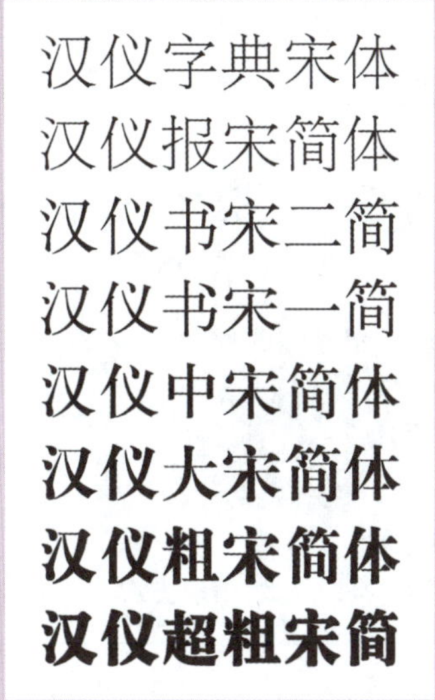　　图5-101　宋体

5.4　包装版式设计

包装的版式设计是依据创意策略和包装的具体特点,将品牌标志、产品名称、图形等诸多元素,按照一定的视觉逻辑有效地组合排列,将商品信息清晰、迅速地传递给消费者。

5.4.1　版式设计的设计方法

1. 主题明确

每个包装都有自己的主题,包装的版式设计首先应主题明确。在表现主题的元素周围留出一定的空白量是突出主题强而有力的方法,如图5-102和图5-103所示。

图5-102　版式设计突出主题(1)

图5-103　版式设计突出主题(2)

2．主次分明

包装的主要画面中除了主题要素外，还有一些次要信息，如广告语、辅助图形等。这些内容应与主题要素保持一定的距离，在视觉强度上弱于主题要素，如图5-104和图5-105所示。

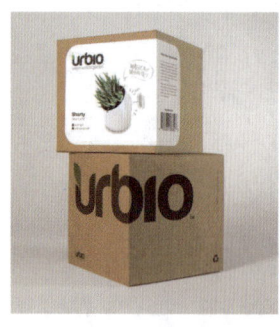

图5-104　包装信息主次分明(1)

图5-105　包装信息主次分明(2)

3．群化

群化就是将相关信息归纳在同一组合中，使之条理清晰，如图5-106和图5-107所示。

图5-106　群化信息(1)

图5-107　群化信息(2)

4．视觉流程

设计师依据创意策略进行整体布局，规划视线的流向和顺序，将包装中的各种元素合理安置，引导消费者的视线，快速获取重要信息，如图5-108所示。

5．留白

版式设计中的留白是指形体之外的虚的空间的经营规划。空白的存在能使画面具有透气感，给人舒畅的感觉。巧妙地留白能为受众提供舒适的阅读感，更能衬托出图形与文字，强化视觉效果，如图5-109所示。

第5章　包装设计的平面要素

图5-108　规划视线流向和顺序

图5-109　巧妙运用留白

6．抑制四角

四角是包装画面中最重要的场所。只要在四角配置小的形态，就能起到稳定版面的作用，如图5-110所示。

7．版心线

版心线是隐藏的基准线，沿着这条线进行设计，可以轻松稳定版面。设计包装版面时，首先确定版心线，以版心线为基准安排视觉元素，能获得较好的平衡感，如图5-111和图5-112所示。

图5-110　抑制四角，稳定版面

图5-111　版心线

图5-112　以版心线为基准的设计

5.4.2　版式设计的形式原理

1．对比与调和

在包装设计中，图形、文字、色彩、肌理等要素同时并置在包装的主画面中，相互结合、相互作用，形成对比关系，形成丰富多彩的视觉感受。而调和的意义在于将这些要素在整体中以和谐统一的面貌呈现。对比与调和的度要依据商品属性而定，不能单纯地追求视觉效果，如图5-113和图5-114所示。

图5-113　设计要素的对比和调和(1)

图5-114　设计要素的对比和调和(2)

2．对称与均衡

对称与均衡是常见的形式法则之一。对称是等形等量的平衡。对称的形式有以中轴线为对称轴的左右对称、上下对称，或以轴心为对称轴的放射对称等，其具有稳定、庄重、整齐、秩序、宁静的视觉特征。均衡是对称形式的发展，是等量不等形的平衡，是一种内在的秩序和平衡，这种平衡关系具有动势美和条理美，获得更丰富的视觉感受，如图5-115所示。

3．比例与分割

比例是指包装各个部分的构成元素之间数量的一种比率。比例常常表现出一定的数列：等差数列、等比数列、黄金比等。包装中的各种元素的良好比例是产生视觉美感的重要因素。分割是对包装空间的有计划的划分，分割能够彰显画面的风格特征，如图5-116所示。

图5-115　运用对称原理的版式设计

图5-116　运用比例与分割原理的版式设计

4. 节奏与韵律

节奏与韵律来自音乐概念。节奏是有规律的、连续进行的完整运动形式；韵律是节奏的变化形式，是在重复中有规律的变化。在包装的版式设计中，节奏与韵律的形式法则可以将包装元素呈现出连续、反复、渐变、聚散等具有情调的视觉效果，如图5-117和图5-118所示。

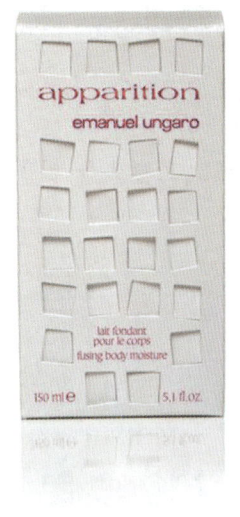
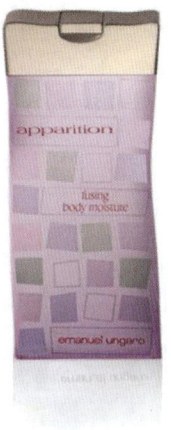

图5-117　版式设计的节奏与韵律(1)　　　　　图5-118　版式设计的节奏与韵律(2)

包装中的各要素各司其职：文字是包装必要的构成元素，字体的设计与选择既要保证可读性，又要与商品属性一致；图形的形式与内容一致；丰富的色彩知识能够更好地塑造产品形象；出色的版式设计让信息传达主次分明。这些要素相互配合，共同服务于设计概念，为消费者提供了直观的视觉感受，并对消费心理与行为进行具体的指导与建议，是消费者识别商品、决定购买的根本依据。

选择市场上的著名品牌包装，对其进行平面设计要素——色彩、文字、图形、版式设计的分析。

实训课题一：包装改良设计。

(1) 内容：选择某种包装，主要针对平面设计要素进行包装的改良设计。

(2) 要求：从文字、色彩、图形、版式4个方面重新设计，更生动准确地诠释包装主题。

实训课题二：速溶咖啡包装设计。

(1) 内容：为某品牌速溶咖啡设计包装。该产品在消费者的心理层面定位为：一杯咖啡能够带来愉快心情。

(2) 要求：分析包装定位，进行从包装的品牌字体到图形、色彩、版式的整体设计。

第6章

包装设计实践

包装设计

学习要点及目标

- 掌握每种类别产品的特点与设计技巧。
- 掌握每种类别产品的包装语言。

核心内容

食品包装设计　化妆品包装设计　药品包装设计　礼品包装设计

案例导入

克雷布特里-伊夫琳园艺用品包装设计

克雷布特里-伊夫琳是美国一家经营园艺用品的专卖店。该包装的设计理念是以插图为主要元素，再配上版式、文字。文字必须提供产品信息，并具有教育意义。这些插画、文字力求表述一个故事，向顾客展示一个形象，并非简单的产品介绍，最好涉及产品的历史、地理、人文背景等。这一品牌围绕以下几个设计要领——细节、品质、完整、传统进行设计。产品的说明文字往往告诉人们一个故事，具有历史意义。其间，或多或少流露着几分怀旧情结，如图6-1～图6-7所示。

图6-1　克雷布特里-伊夫琳园艺用品包装设计(1)

图6-2　克雷布特里-伊夫琳园艺用品包装设计(2)

图6-3 克雷布特里–伊夫琳园艺用品包装设计(3)

图6-4 克雷布特里–伊夫琳园艺用品包装设计(4)

图6-5 克雷布特里–伊夫琳园艺用品包装设计(5)

图6-6 克雷布特里–伊夫琳园艺用品包装设计(6)

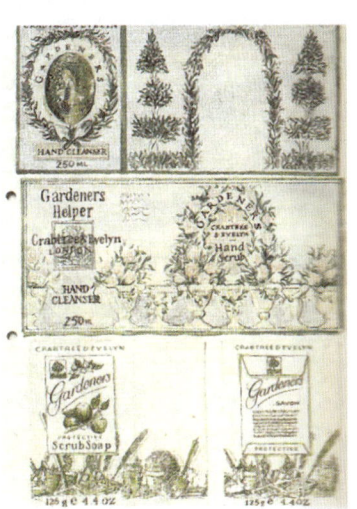
图6-7 克雷布特里–伊夫琳园艺用品包装设计(7)

随着经营规模的发展，公司设想生产、包装一批供园艺师使用的产品，并把园艺用品提高到礼品的档次，而现在的一些产品都太简单，其价格也很低廉。公司在开发园艺用品的功能方面颇下功夫，以迎合这些新园艺师的爱好，他们试图开发出令每个人都激动的新产品。两三个月后，一些样品从康涅狄格州的实验室里出炉，如洗手用品、皮肤防护用品等。说明文字标明其用途为清洁、镇定、治疗和防护等。产品外包装的尺寸比以前大、设计得既实用又豪华，并且自然、手感好。产品包括浮石手擦、肥皂、护手霜、芦荟镇定凝胶以及自然驱虫剂等。这些新产品在商品橱窗里既显得与众不同，又与以前的产品保持一致。图6-8所示是设计者为第一系列产品所设计的各种容器草图。

设计者考虑了三个方案，如图6-9～图6-11所示。其中，图6-11所示是采用劳拉•英格斯•怀德(L.I.Wiler)的插图作品，她的作品经常刊登在园艺杂志上。读者很喜欢她的插图，她笔下的人物造型有几分幽默。设计者选用了她的多幅作品，有单页的，也有连环画。她的个性特征和这些产品很般配，她自己也提供了一些设计意见。第一批开发的新产品共6样，包括浮石手擦、防晒霜、护手霜、护肤特效药、植物型肥皂等，如图6-12所示；图6-13所示是第二批开发的新产品共5样，迎合了许多人的爱好，其中有些人根本不能算真正意义上的园艺师。1998年，克雷布特里–伊夫琳在纽约品牌协会的比赛中获得金奖，这一品牌取得了极大的成功，经营者抓住了适当的商机，赋予产品适当的形象——简洁、明快，一改过去包装设计的过分做作。这套具有美学意味的包装设计至今仍在使用，如图6-14～图6-17所示。

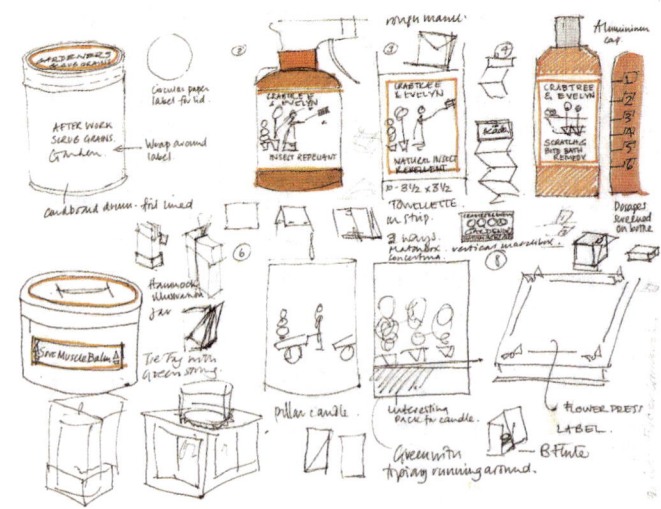

图6-8　容器草图

图6-9　第一系列产品包装设计方案(1)

图6-10　第一系列产品包装设计方案(2)

图6-11 第一系列产品包装设计方案(3)

图6-12 第一系列产品

图6-13 第二系列产品

图6-14 品牌产品包装设计(1)

图6-15 品牌产品包装设计(2)

图6-16 品牌产品包装设计(3)

图6-17 品牌产品包装设计(4)

(资料来源：斯达福德·科里夫. 世界经典设计50例：产品包装[M].
李震宇译. 上海：上海文艺出版社，2001.)

6.1 食品包装设计

食品包装是包装设计最为重要的设计内容之一。食物是人类生存的必要条件，大多数食品不经包装会不易出售；在经济发达地区，食品占家庭消费的比例较高，庞大的市场需求使食品的种类不断丰富，激烈的市场竞争促使食物的包装设计从材料到技术不断地发展和革新。

首先，食品包装设计要保证食品的安全性。由于食品的卫生和质量关系到消费者的身体健康，这就要求保护食品免受外界因素的影响，保证其营养成分和品质不变。在生产、打包、搬运等过程中必须保持清洁安全，这一点要遵循国家或国际标准的各项规定，因此，食品包装设计要在包装材料的选择上、包装造型的结构上、包装技术的实施上做到科学严谨。其次，是食品包装的便利性。要充分考虑消费者使用该产品时的情景及要求。如食品包装的开启方式、保存要求、携带便利等，要满足消费者功能和心理的双重需要。再次，应明确告知食品的特性，如配料、加工工艺、食用方法等，有些必不可少的内容如生产厂商的名称、地址、电话、生产日期、保质期等必须真实、准确，如图6-18～图6-24所示。

图6-18　食品包装设计(1)

图6-19　食品包装设计(2)

图6-20　食品包装设计(3)

图6-21　食品包装设计(4)

第6章　包装设计实践

图6-22　食品包装设计(5)

图6-23　食品包装设计(6)

图6-24　食品包装设计(7)

案例6-1

农夫山泉东方树叶茶饮料

1．产品简况

东方树叶是农夫山泉公司2011年出品的一组系列茶饮料，包括乌龙茶、茉莉花茶、红茶、绿茶4个口味。产品卖点在于用农夫山泉泡制，主打0卡路里，如图6-25所示。

图6-25　东方树叶茶饮料包装

2. 视觉表现

农夫山泉公司一直非常重视旗下产品的广告宣传和包装设计。为了能在激烈竞争的茶饮料市场中脱颖而出，特意选择了全球知名设计公司Pearlfisher(英国设计公司)。Pearlfisher于1992年创立于伦敦，擅长设计食品和饮料包装。可口可乐、吉百利巧克力等都是它们的客户。Pearlfisher获得了无数奖项的肯定，其中包括了戛纳广告节金狮奖、纽约广告奖金奖、DBA设计实效奖的金银铜奖等，可以说几乎所有的关于包装设计的奖项都拿遍了。这家英国设计公司的一个重要设计理念是：眼睛决定我们吃什么(We eat with our eyes)。在这种理念的指导下，农夫山泉的东方树叶产品的包装设计在众多的茶饮料中脱颖而出。下方上圆的瓶型设计令人觉得里面的液体很饱满，握在手里的感觉很实在，如图6-26所示。包装共有三个瓶标，如图6-27所示，展现在正面的有两个，瓶颈部分的瓶标是统一的，都是绿色的东方树叶标识，正面的主题瓶标根据产品内容配上相应的图形和色彩。图案风格独特，色彩浓郁，有一种神秘的东方情调，如图6-28～图6-31所示。包装从产品概念到视觉形象都颠覆消费者对茶饮料的固有印象，调动了受众的好奇心，激发了购买欲。

图6-26　瓶型设计

图6-27　包装的三个瓶标

图6-28　主题瓶标(1)

图6-29　主题瓶标(2)

图6-30　主题瓶标(3)

图6-31　主题瓶标(4)

(资料来源：农夫山泉官网)

案例6-2

"五谷道场"系列方便面

1. 产品简况

图6-32是五谷道场2014年全新推出的"私房五谷面"，凭借其融合中华传统五谷养生原理与现代烹饪化菜肴的独特产品理念，在众多新品中脱颖而出，一举荣获第十四届中国方便食品大会暨方便食品展"产品创新奖"。

图6-32　私房五谷面

五谷道场自2012年开始研发"私房五谷面"，秉承"五谷为养"的中华传统饮食之道，将小麦粉与杂粮粉科学配比，借助"非油炸"创新工艺的应用，完美解决了一直以来难以使用杂粮作为面饼原料的难题。粗细粮搭配，营养更全面均衡，且杂粮的营养成分和自然风味都得到更好的保留，面条口感也更加劲道爽滑。小米、荞麦、紫薯、豌豆和莜麦的五谷杂粮面饼，搭配真材实料、真实烹饪风味的菜肴包，不添加人工色素和防腐剂，为消费者带来风味纯正自然的家庭料理式美食体验。先期推出的"私房五谷面"包含番茄牛腩紫薯面和酸汤臊子莜麦面等几款口味。"方便不随便"，中粮五谷道场精心打造全新"私房五谷面"，从产品理念、原料选择到工艺精进，将"不随便"精神注入一碗方便面从田间到餐桌的每个环节，让"方便"和"营养、健康"自此两全。

2. 视觉表现

2014年3月五谷道场产品全新升级并开始应用新的视觉标识。标识采用由自然万物和传统文化中衍生而出的墨黑、叶绿两种颜色，图形取材于麦子、阳光和雨露，表现五谷道场从选料、工艺到营养均源于自然的品牌之道，成就从田间到餐桌的安心之选。

全新升级的产品包括三个系列：私房五谷面、黑系列、金系列。这三个系列的包装设计采用相同的版式设计，通过色彩区别：私房五谷面采用"面"的浅黄色系，黑系列采用黑色系，金系列采用金色系。私房五谷面共有五个产品，每个产品以原料的代表色配合图形区分：紫色→紫薯面，绿色→豌豆面，黄色→小米面，褐色→荞麦面，金色→莜麦面，如图6-33～图6-36所示。浅金黄色的底图上绘有标识的辅助图形；版式设计强调中心对称，显得格调高雅、大气；开窗的设计使消费者看到方便面实物，增强信任感；字体设计纤细清晰，与"面"的质感吻合。包装设计呈现完美的品质感，激发了消费者的购买欲望。

图6-33 "五谷私房面"包装配色

图6-34 豌豆面包装

图6-35 小米面包装

图6-36 荞麦面包装

（资料来源：五谷道场官网）

知识拓展

系列化包装的设计技巧

系列化包装(Series Packaging)又叫"家族式"包装，是针对企业旗下产品类别中的品牌产品系列，以产品品牌为主体，将同一产品品牌下的系列产品，通过对包装设计元素的经营安排，在视觉上呈现出一种既统一又有变化的系列化美感。从市场营销的角度来说：系列化包装能够更全面地占领市场，锁定目标人群，并保持继续扩大市场份额的空间。从广告设计的角度来说：系列化包装设计由于具有共性或相似性，因此，设计方案往往是由一个成熟的方案延展至一整套产品的包装设计，这就降低了设计工作量，缩短了工作周期，提高了工作效率。同时，为企业节省了部分设计费用，降低了成本。

系列化包装的设计技巧是在统一中求变化，变化中求统一。具体操作上，可以使设计元素中的一种或几种相似或相同，其他元素与之产生差异，形成系列化的视觉效果。这种变化不是盲目的、任意的，而是根据产品属性有的放矢地变化。变化时要注意变化要素之间要具有关联性、合理性，表现手法统一，否则，会破坏包装的系列化效果。

1. 造型系列化设计

系列产品的包装设计元素中，版式、色彩、图形、文字元素都相同或相似，只是包装造型有变化。造型的变化是根据产品特性而定，如产品的规格不同、容量不同、造型不同。在化妆品及食品包装中较多采用这种变化形式，设计时应多考虑整体形式的放大、缩小变化后的视觉效果，如图6-37和图6-38所示。

图6-37 包装造型系列化设计(1)

图6-38 包装造型系列化设计(2)

2. 色彩系列化设计

系列产品的包装设计元素中，版式、造型、图形、文字元素都相同或相似，只在色彩方面设计变化。色彩的变化要注意色彩与产品的内在联系以及色彩与色彩之间的协调性，具有系列感。另外，色彩面积在系列化包装中也起到一定的作用。大面积的色彩变化形成不同的色调，小面积的色彩变化能起到画龙点睛、活跃画面的作用，如图6-39所示。

3. 图形系列化设计

系列产品的包装设计元素中，版式、造型、色彩、文字元素都相同或相似，只在图形方面设计变化。图形的变化要注意图形的内容、风格要与产品呼应。有的图形是产品形象，有的是产品原料，有的是消费者形象，有的是装饰图案，无论表现的内容如何，在风格上要统一，否则会使画面杂乱，破坏系列化包装的秩序感，如图6-40和图6-41所示。

图6-39 包装色彩系列化设计

图6-40 包装图形系列化设计(1)

图6-41 包装图形系列化设计(2)

4. 色彩和图形系列化设计

在系列产品的包装设计元素中，色彩和图形都发生变化，而其他元素保持不变。这种形式的系列化设计一般会有两种情况。一种是色彩变化与图形变化彼此不关联，而另一种则是图形的色彩发生变化使包装形成新的色调，如图6-42和图6-43所示。

图6-42 包装色彩和图形系列化设计(1)

图6-43 包装色彩和图形系列化设计(2)

5．造型和图形系列化设计

在系列产品的包装设计元素中，造型和图形都发生变化，而其他元素保持不变。这种形式的系列化设计要注意每个包装上的图形既要与包装造型相匹配，还要与其他包装上的图形保持风格上的一致，如图6-44所示。

6．造型和色彩系列化设计

在系列产品的包装设计元素中，造型和色彩都发生变化，而其他元素保持不变。这种形式的系列化设计要注意每个包装上的色彩和包装造型的变化与产品属性相匹配，保持包装风格上的一致，如图6-45所示。

图6-44　包装造型和图形系列化设计

7．图形、色彩和造型系列化设计

在系列产品的包装设计元素中，造型和色彩、图形都发生变化，只有版式设计保持不变。这种形式的系列化设计要注意每个包装上的色彩、图形、造型的变化要与产品属性相匹配，保持包装风格上的一致，如图6-46所示。

图6-45　包装造型和色彩系列化设计

图6-46　包装图形、造型和色彩系列化设计

6.2　化妆品包装设计

随着经济的发展，人们生活水平日益提高，消费者的购物层次也逐步提高。现在，使用化妆品的人群在不断壮大，消费群体细化、消费观念的更新，促使化妆品由原始的简单功能发展至庞大的化妆品产业，从功能到种类、从品牌到价格进行了多层次、多角度的细分。种类繁多的化妆品不仅能满足消费者的各种功能需求，还能超越产品本身为消费者提供心理满足和精神享受。因此，化妆品的包装设计为包装设计师提供了广阔的设计空间，是最能发挥设计想象力、创造力、表现力的产品。

化妆品包装设计的策略可以从三个角度入手。一是品牌策略。化妆品行业是品牌高度竞争的行业，品牌为消费者提供了信誉保障、安全保障、地位保障等，消费者通过强大的广告攻势已对品牌价值了然于胸，因此，我们看到著名的化妆品品牌，其包装设计都是采用品牌策略。在包装上以品牌标志为主，甚至只出现品牌标志，配合高档的包装材料、优美的包装造型、精致的印刷工艺，是这类化妆品的设计特点。二是功效策略。包装上强调产品的功效，如美白、防晒、遮瑕等。三是环保策略。绿色包装是包装发展的趋势，从产品的使用原料到包装材料的使用，都强调环保的概念。具体设计示例如图6-47～图6-56所示。

图6-47　化妆品包装设计(1)

图6-48　化妆品包装设计(2)

图6-49　化妆品包装设计(3)

图6-50　化妆品包装设计(4)

图6-51　化妆品包装设计(5)

图6-52　化妆品包装设计(6)

图6-53　化妆品包装设计(7)

图6-54　化妆品包装设计(8)

图6-55　化妆品包装设计(9)

图6-56　化妆品包装设计(10)

案例6-3

"我的心机"牛奶亮白保湿面膜

1．产品简况

中国台湾的"我的心机"创立于2002年，已是全亚洲知名化妆品品牌，目前已销售于20多个国家，在各大网络通路及实体店家贩售。产品的种类有面膜、眼膜、冻膜、去角质凝胶、洁面乳、洁面慕斯。其中面膜是其特色产品。

品牌标志以爱心图腾围绕，诉求用"爱"的态度来做出优质商品。

这款牛奶亮白保湿面膜是一款适合任何肤质，具有美白、保湿功效的产品。牛奶是该产品的主要原料，含有丰富的维生素与矿物质，具有保湿效果。

2．视觉表现

图6-57所示包装的视觉表现围绕着"牛奶"这个主题展开。天蓝色与白色的色彩组合是牛奶的形象色，画面中"心机妹妹与心机狗狗"洗牛奶浴的故事情节与背景上的小巧的白色牛奶瓶图案均是采用可爱的手绘风格，与目标消费者相吻合。字体风格柔和清晰，符合产品特性。画面元素群化合理，主次明确，向消费者有序地传递了产品的信息。

包装设计

图6-57 "我的心机"牛奶亮白保湿面膜包装

(资料来源：我的心机官网)

案例6-4

BURT'S BEES环保理念的包装设计

1. 产品简况

Burt's Bees的传奇是一个坚持自然主义的活生生的例子。在1891年的蜂蜜食谱中，Burt先生找到了可以让人们更接近大自然的方法，从原料到外盒Burt采取了古老、原始且不破坏生态的包装方式，用小量的生产模式供附近的人使用。从1990年，Burt's Bees的品牌与产品便慢慢地拓展开来，不仅多元化，同时也更加实用。从原本只有四项商品的小公司，到目前大约超过一百来样商品的国际公司，Burt's Bees并没有特别的秘密武器，只是将大自然的各种素材，例如蜂蜜、番茄、胡萝卜、牛奶等天然的元素，利用古老的配方与自然的包装材料，让人们享受不需附加给自己和地球更多负担的美学方式，自然是现代人身心魅力的好选择。

2. 视觉表现

做蜂蜡起家的护肤品BURT'S BEES，其包装坚持采用最环保的方式。图6-58所示包装的视觉元素充分运用蜜蜂的相关图形与色彩，金黄色的六边形图案底纹搭配柔和的米白色标签，灰色的图文信息既醒目又含蓄，柔和的色调散发出天然、舒适的美好感觉。

图6-58 Burt's Bees产品包装

案例6-5

碧欧泉包装设计

1. 产品简况

碧欧泉是世界级知名化妆品品牌,1950年诞生于法国南部山区,倡导"简单的奢华(SIMPLE LU XURY)"的全新生活理念,作为欧洲时尚品牌,总部设在摩纳哥,碧欧泉的产地只有法国、摩纳哥和日本。现在BIOTHERM碧欧泉已经成为欧洲三大护肤品牌之一。

2. 视觉表现

碧欧泉最著名的科技灵魂成分是萃取出了精纯的温泉精华,这也成为品牌标志的构思源泉。图6-59所示碧欧泉的图形标志是波浪形的曲线,这个图形有种简洁而自由自在的美,与碧欧泉提倡的生活理念"简单的奢华"完全吻合,碧欧泉拥有丰富的产品种类,无论是哪个产品,包装都以突出波浪形的曲线为主。简洁而优美的曲线深深印在消费者脑海中。

图6-59 碧欧泉产品包装

(资料来源:碧欧泉官网)

6.3 药品包装设计

药品与人们的生命与健康息息相关,药品包装设计因药品的特殊性而存在一定的限制性,它的目标消费群体对产品有着明确的要求。药品包装设计传达的信息首先要简洁明了。药品的名称、主治功能必须一目了然,选择的字体多以黑体、宋体为主;版式的编排多采用平铺直叙的方式,使消费者在最短时间内了解产品内容,药品包装结构简单实用,方便消费者拿取。尤其针对一些急症,需要马上用药的患者,如心脏病人、高烧病人、烫伤病人等,要设身处地地为患者着想。

药品包装设计包括西药、中药、保健药品等。设计表现一般以功效诉求为主,包装设计必须严格遵循相关行业标准和规范,如图6-60～图6-72所示。

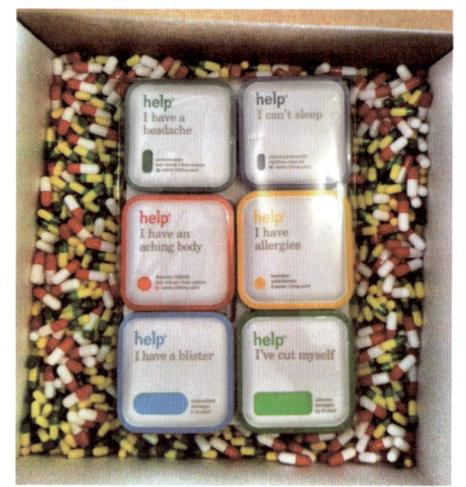
图6-60　药品包装设计(1)

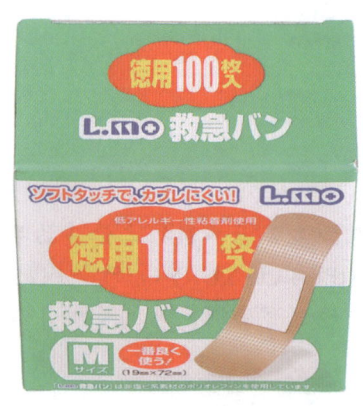
图6-61　药品包装设计(2)

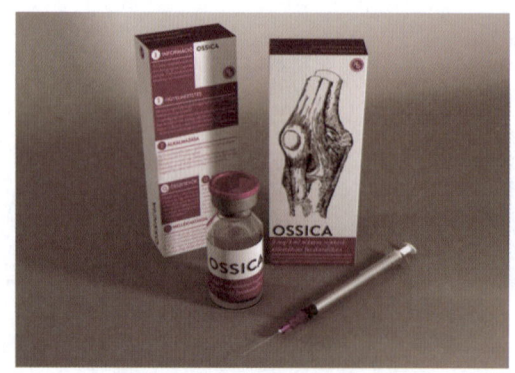
图6-62　药品包装设计(3)

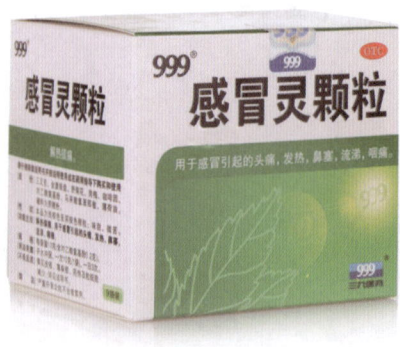
图6-63　药品包装设计(4)

第6章 包装设计实践

图6-64 药品包装设计(5)

图6-65 药品包装设计(6)

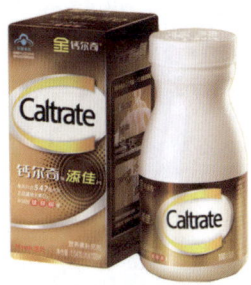

图6-66 药品包装设计(7)

图6-67 药品包装设计(8)

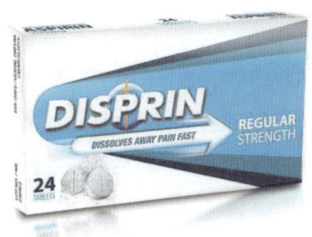

图6-68 药品包装设计(9)

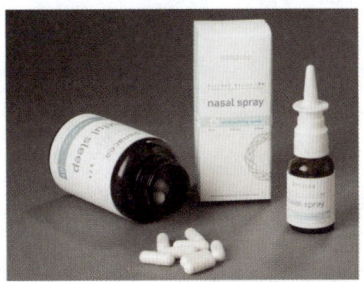

图6-69 药品包装设计(10)

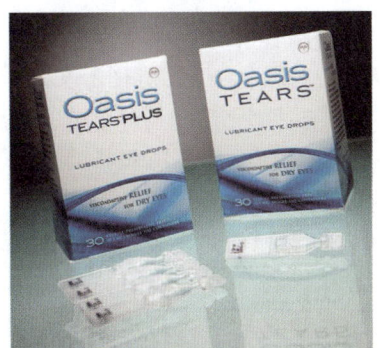

图6-70 药品包装设计(11)

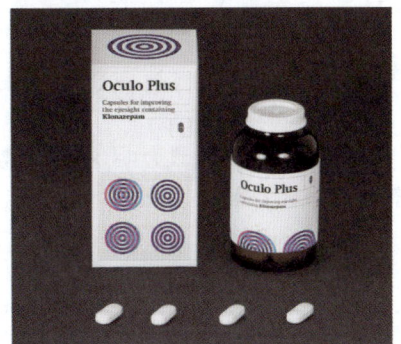

图6-71 药品包装设计(12)

图6-72　药品包装设计(13)

案例6-6

康恩贝牌肠炎宁片

1. 产品简况

浙江康恩贝制药股份有限公司是康恩贝集团有限公司的控股子公司,是一家集药材种植及药品研发、生产、销售为一体的医药上市企业。公司历来十分重视产品品牌和企业品牌的培育和保护,其中,"康恩贝""前列康""珍视明"被认定为中国驰名商标。

康恩贝牌肠炎宁片是非处方药,主要作用:清热利湿,行气。用于湿热蕴结胃肠所致的腹泻,症见大便泄泻、腹痛腹胀;急慢性胃肠炎、腹泻、小儿消化不良。

2. 视觉表现

图6-73所示包装设计以文字信息传递为主。品牌标识"康恩贝"和产品标识"肠炎宁片"并置在画面左上方;"腹痛、腹泻、腹胀"选用黑体,白字黑边的强反差配色使产品功效一目了然;"用于急慢性胃肠炎"配合箭头图形直指病患处,在病患处再次使用文字强调症状"腹痛、腹泻",字体设计采用黑体,白字红底,与产品标志"肠炎宁片"的色彩呼应;包装色彩以绿、蓝、红为主,通过色彩的对比度营造合理的阅读顺序。

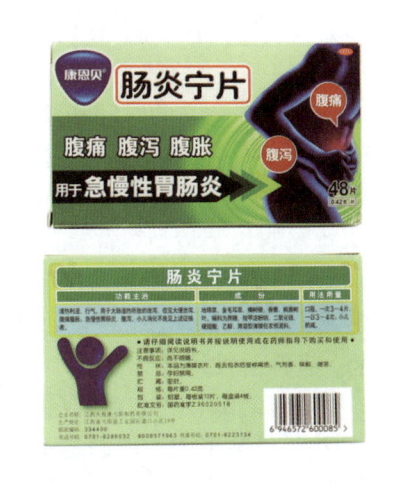

图6-73　康恩贝牌肠炎宁片包装

(资料来源：康恩贝官网)

案例6-7

维克斯达姆膏(Vicks VapoRub止痛薄荷膏)

1. 产品简况

这款Vicks VapoRub止痛薄荷膏，有效成分可以通过其自然蒸发效力功能，让患者吸入药性成分，快速减轻患者因感冒引发的鼻塞、咳嗽。同时，VapoRub因为是外用药，所以不会引起睡意或神经过敏的副作用。VapoRub还是一种局部止痛的药膏。因为它是一个局部用咳嗽药品，是糖尿病人特别好的替代咳嗽药品，可以避免使用含糖的咳嗽药。

2. 视觉表现

图6-74所示包装画面突出品牌和产品名称。渐变的蓝绿色调传递出薄荷的清凉感，这种色彩设计能使患者相信该药品能够缓解鼻塞、咳嗽引起的不适感以及止痛，使之从心理上产生购买需求。

图6-74　维克斯达姆膏包装

(资料来源：Vicks官网)

6.4 礼品包装设计

礼品包装设计往往结合节日或具有特殊意义的时间和事情，对商品有目的地进行包装。其信息传达具有双重性：一重是商品本身的信息，另一重是作为礼品传递的信息。由于礼品的特殊性，商家为取得良好的销售业绩往往乐于提高包装成本，因此，礼品包装设计通常采用丰富的设计表现手段和技术，如新颖的包装造型、高档的包装材料、丰富的加工工艺——烫金、开窗、凹凸版、UV上光等技术。这种优势使礼品包装的设计表现具有一定的优越性和灵活性，但是优秀的包装设计仍然离不开对市场的把握，以及对消费者的判断。因此，礼品包装设计也要经过理性的设计思考，有针对性地设计。

礼品包装形态常见的有三种：礼品包装纸、礼品包装盒、礼品包装袋。

(1) 礼品包装纸是适应性广泛的礼品包装形式，能满足不同形态的商品要求，具有快速、灵活、神秘的风格特点。这类包装纸的设计通常运用品牌元素或节日元素，以单元重复的方法构成连续性编排。在使用时配合色彩协调的彩带、花结、吊牌或其他装饰物，成为独特的礼品包装，在表达礼品情谊的同时还能对品牌形象起到宣传作用，如图6-75和图6-76所示。

图6-75　礼品包装纸设计(1)

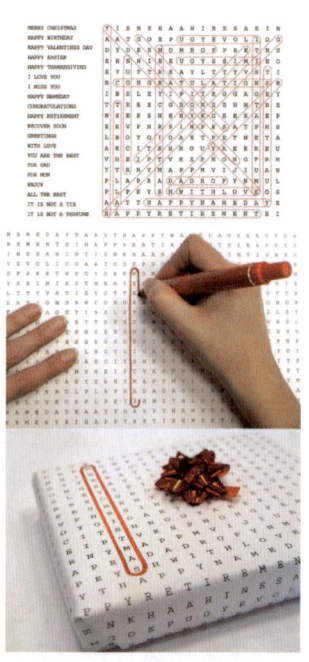

图6-76　礼品包装纸设计(2)

(2) 礼品包装盒既可以专门针对一件商品而设计，也可以将几件商品配套组合成系列产品而进行礼品化包装。在盒型结构上可采用天地盖、开窗式、开门式、抽屉式等。有的礼品包装盒还添加展示效果，在销售现场起到促销作用；还有的还增添了音乐、气味等特点，增添了听觉、嗅觉的享受。礼盒的材料包括纸质、金属、塑料、木质等各种材料，有些礼盒使用多种材料，产生一种对比的效果，别有一番韵味，如图6-77～图6-80所示。礼品包装盒设计为包装设计师提供了设计的深度与广度，同时也提高了设计难度。

图6-77　礼品包装盒设计(1)

图6-78　礼品包装盒设计(2)

图6-79　礼品包装盒设计(3)

图6-80　礼品包装盒设计(4)

(3) 礼品包装袋往往和礼品盒配套使用，在设计上采用系列化包装的设计策略，使礼品包装更完整，能更好地体现礼品的档次，同时还具有移动式广告的宣传作用，如图6-81和图6-82所示。

图6-81　礼品包装袋设计(1)

图6-82　礼品包装袋设计(2)

案例6-8

稻香臻礼中秋月饼礼盒

1. 产品简况

"稻香臻礼中秋月饼礼盒"是稻香村结合中秋佳节推出的节日礼盒。稻香村始创于1773年(清乾隆三十八年),经过两个多世纪的持续发展,是国家首批认定的"中华老字号"及驰名中外的"稻香村"品牌创立者,历经一代代稻香村人的传承与创新,至今已发展为拥有9家分公司,集研发、生产、销售为一体的现代化大型食品集团企业。

每年农历八月十五日,是传统的中秋佳节。这时是一年秋季的中期,所以被称为中秋。在中国的农历里,一年分为四季,每季又分为孟、仲、季三个部分,因而中秋也称仲秋。八月十五的月亮比其他几个月的满月更圆、更明亮,所以又叫作"月夕""八月节"。此夜,人们仰望天空如玉如盘的朗朗明月,自然会期盼家人团聚。远在他乡的游子,也借此寄托自己对故乡和亲人的思念之情。所以,中秋又称"团圆节"。

中秋节美食首推月饼,关于其起源的说法有多种。明代的《西湖游览志会》记载:"八月十五日谓之中秋,民间以月饼相遗,取团圆之义。"到了清代,关于月饼的记载就多起来了,而且制作也越来越精细。

2. 视觉表现

品牌标识是稻香村历史的见证之一,清末民初,稻香村为保自己牌号,将"稻香村"标识报民国政府农商注册,领取了商号注册第二类第100号证书。礼盒设计突出品牌名称,强化品牌诉求,并使用传统书法字体,与工笔画形成统一的风格。说明性文字字体清晰,内容完整,体现了大型正规企业的专业感。"花"与"月"的图形寓意生活圆满、幸福,与中秋节日呼应;图形的表现形式是中国的工笔画,代表了中国传统文化。包装以红色、金色作为主色调,是中国传统节日的经典色系。金色接近黄色,黄色与红色又可表现月饼的美味。整个画面编排主次分明,主题明确。帽盖式纸盒精心装裱,显得喜庆大气,内含独立小包装月饼,干净卫生。礼盒整体设计如图6-83所示。

图6-83 稻香臻礼中秋月饼礼盒设计

(资料来源:京东商城)

本章小结

每种产品类别都具有一定的共性,如:食品类包装的安全性与味觉感;化妆品包装的档次与功效;药品包装的信息明晰,存取便利;礼品包装的情感传递等。成熟的设计师能够迅速地把握这种设计共性,并准确细腻地传达设计概念。

思考与练习

选择某类商品分析总结其包装的设计特点与规律。

实训课题一:洗面奶系列包装设计。
(1) 内容:为某品牌洗面奶设计一套系列包装。产品以不同功效形成系列产品。设计内容包括正面、背面,以效果图形式展示包装方案。
(2) 要求:该系列共有三个产品,要求突出产品功效。系列包装要既统一又有变化。
实训课题二:阿胶包装设计。
(1) 内容:为某品牌阿胶设计一款包装,包括主画面、侧面和背面,并绘制效果图。
(2) 要求:包装创意及表现要突出阿胶补血、止血、滋阴润燥的功效。
实训课题三:巧克力礼品包装设计。
(1) 内容:为某品牌巧克力设计一款包装,包括主画面、侧面和背面,并绘制效果图。
(2) 要求:包装突出品牌形象,体现节日的气氛,有一定的品质感。

第 7 章

包装设计制作实践

包装设计

学习要点及目标

- 了解Photoshop和Illustrator这两款软件的特点,以及它们对于包装设计的重要性。
- 通过实例解析,掌握包装的设计制作过程,以及不同造型、材质的包装设计的表现技巧。

Photoshop软件　　Illustrator软件　　实例解析包装设计制作

珍品美国开心果的包装设计制作

1. 实例导引

图7-1所示为珍品美国开心果的包装设计,该包装采用塑料材质的包装袋,对商品具有防潮保鲜的作用。包装形式简洁,利用塑料的透明特性清楚地展示了商品实物,便于消费者了解商品品质。设计制作由Photoshop软件和Illustrator软件配合使用完成。

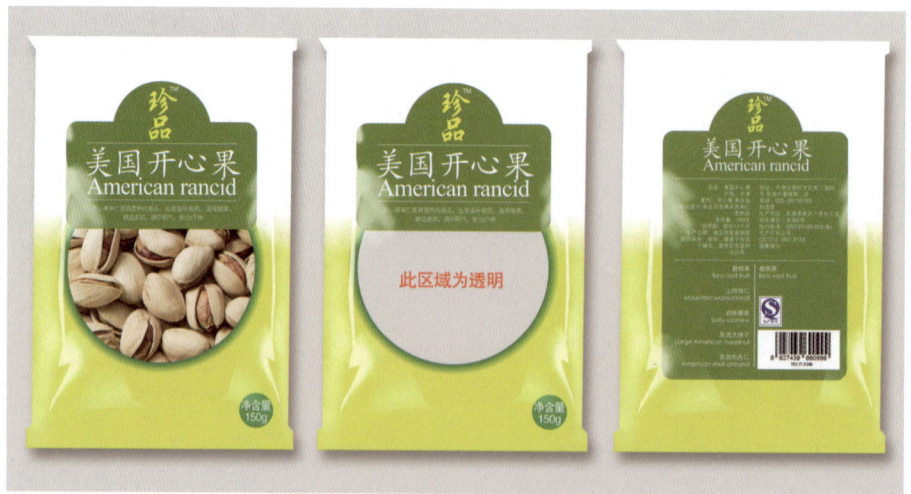

图7-1　珍品美国开心果的包装设计

2. 设计制作步骤

1) 绘制包装正面图

(1) 运行Illustrator软件,选择【文件】→【新建】命令,根据客户提供的包装尺寸,设置参数,如图7-2所示。

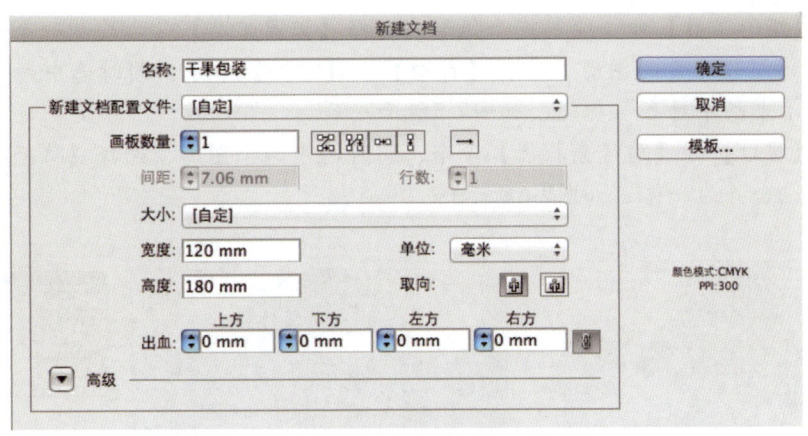

图7-2 设置包装尺寸

(2) 选择【矩形工具】命令，绘制一个矩形。选择【窗口】→【变换】命令，在对话框中设置含有出血尺寸的参数，同时设置X轴与Y轴的数值确定矩形在画面中的位置，如图7-3所示。

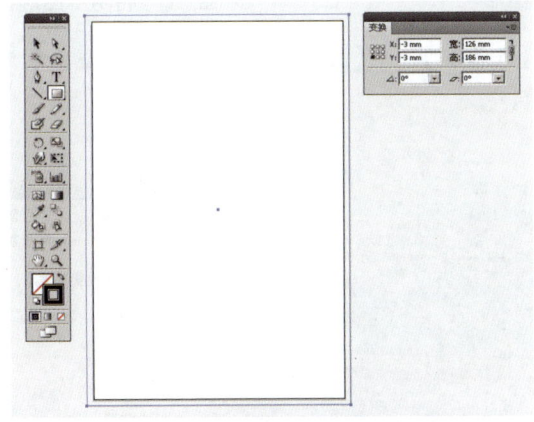

图7-3 绘制矩形并设置参数

(3) 选择【渐变工具】命令，在对话框中设置渐变颜色的参数为C:10、M:0、Y:85、K:0，渐变类型为线性，调节中间的句柄，可使渐变的长度不同，如图7-4所示。

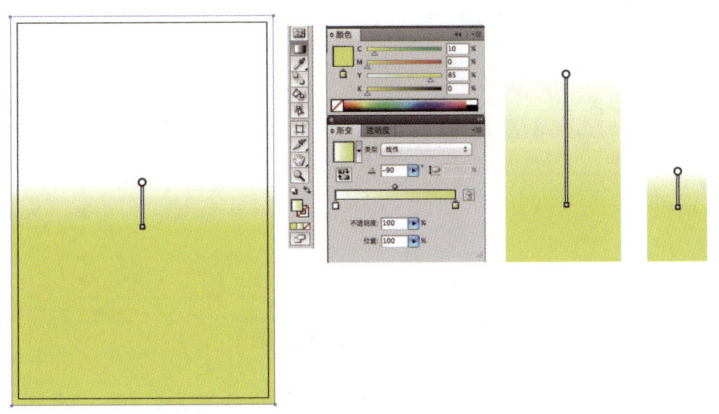

图7-4 设置渐变参数

(4) 选择【矩形工具】命令绘制一个矩形。选择【椭圆工具】命令绘制一个圆形。将矩形与圆形根据设计组合为目的图形。选择【窗口】→【对齐】命令，同时选中两个图形，选择对话框中的"水平居中对齐"功能，如图7-5所示。

(5) 选择【窗口】→【路径查找器】命令，同时选中两个图形，选择【路径查找器】中的"联集"功能，合并为一体，如图7-6所示。

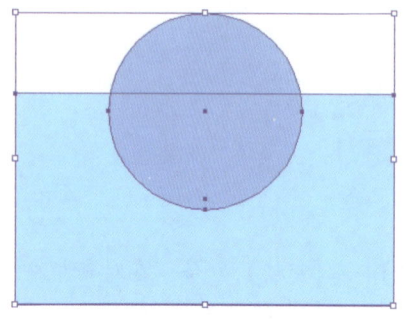
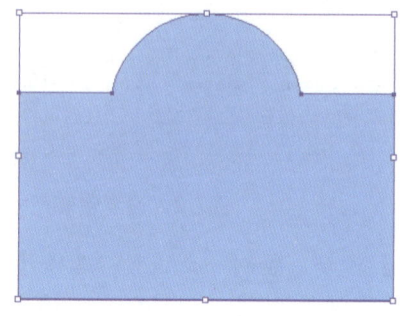

图7-5　绘制组合目的图形　　　　图7-6　将两个图形合并为一体

(6) 选择【效果】→【风格化】→【圆角】命令，设置半径参数为5 mm，将图形中的直角转变为圆角，如图7-7所示。

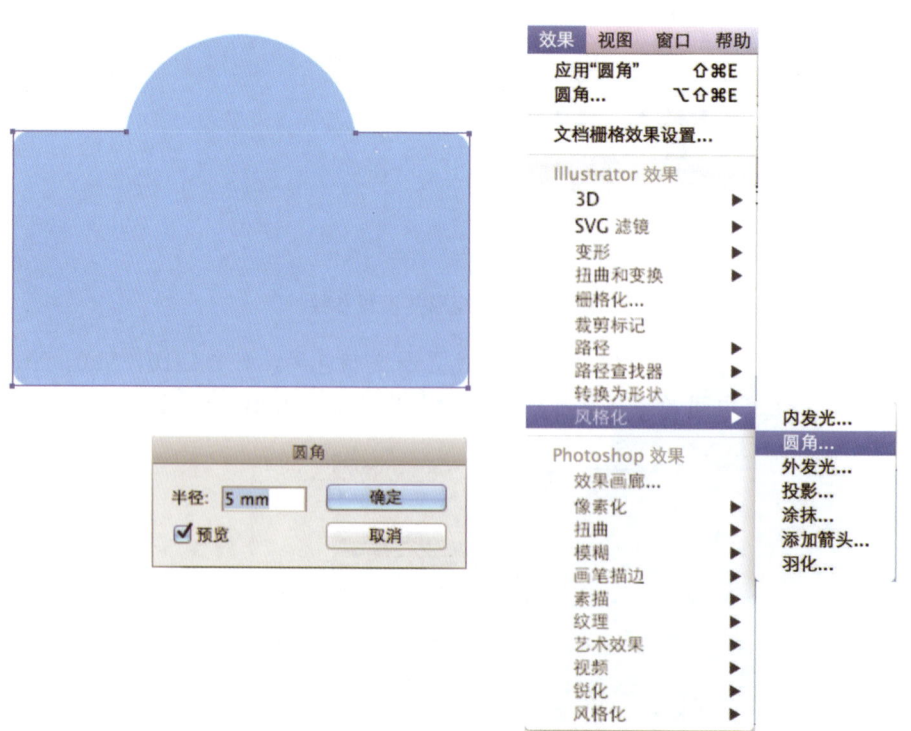

图7-7　选择【圆角】命令

(7) 选择【窗口】→【颜色】命令，设置图形颜色的参数为C:65、M:30、Y:100、K:0，如图7-8所示。

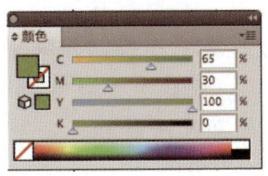

图7-8　设置图形颜色参数

（8）选择【文字工具】命令，输入产品名称的中英文文字，选择【窗口】→【文字】→【字符】命令，在对话框中设置字体大小、行距、水平缩放、垂直缩放、字间距的参数，如图7-9所示。

图7-9　输入并设置文字参数

（9）选择【直线工具】命令，绘制中英文名称上下的直线。选择【窗口】→【颜色】→【描边】命令，在对话框中设置参数：线的粗细设置为0.5pt，颜色设置为C:0、M:0、Y:0、K:0，如图7-10所示。

图7-10　绘制并设置直线

包装设计

(10) 选择【椭圆工具】命令绘制3个同心圆。将圆形复制，原位复制在圆形的下一层，同样再复制一个圆形至下一层，并加大，设置最上层的圆形颜色为C:0、M:0、Y:0、K:20，并锁定。选中第二层圆(灰色下面的圆形)与第三层圆(加大的圆)，双击工具箱中的【混合工具】，设置参数：间距选平滑颜色。将第二层圆填充渐变中最深的颜色，第三层圆填充与底色相同的颜色，如图7-11所示。

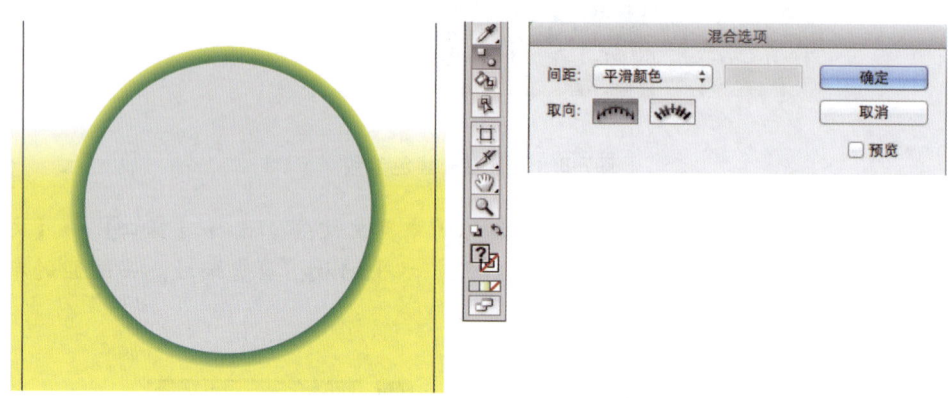

图7-11　绘制并设置同心圆

(11) 选择【椭圆工具】命令绘制1个正圆，设置颜色参数为C:65、M:30、Y:100、K:0，效果如图7-12所示；在绘制好的正圆图形上选择【文字工具】命令，输入文字"净含量150g"，选择【窗口】→【文字】→【字符】命令，在对话框中设置字体大小、行距、水平缩放、垂直缩放、字间距的参数，效果如图7-13所示。

(12) 将绘制完成的3个部分在画面中安置妥当，如图7-14所示，包装正面图完成。

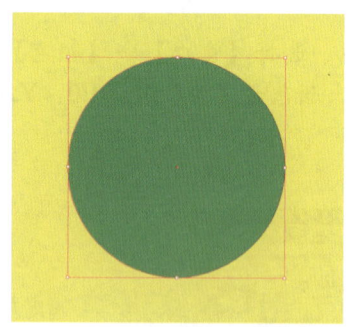  

图7-12　绘制圆形并设置颜色　　　图7-13　输入文字并设置参数　　　图7-14　正面完成图

2) 绘制包装背面图

(1) 创建一个与包装正面图尺寸相同的文件，并将包装正面图中的部分对象选中，选择【编辑】→【复制】→【粘贴】命令，将其粘贴到包装背面图中，选择【直接选择工具】命令，将绿色方块底边选中，同时按住Shift键，将光标向下拉伸至适中位置为止，如图7-15所示。

(2) 选择【编辑】→【复制】→【粘贴】命令，将包装正面图中的品牌及名称复制到包装背面图中，如图7-16所示。

图7-15 复制正面图部分对象至背面图并拉伸　　　　图7-16 复制品牌及名称

(3) 选择【文字工具】命令，输入产品的说明性文字；选择【窗口】→【文字】→【字符】命令，在对话框中设置字体大小、行距、水平缩放、垂直缩放、字间距的参数，选择【窗口】→【文字】→【段落】命令，在对话框中选择段落的对齐方式。将客户提供的商品条形码及生产许可一并完善在包装的背面，如图7-17所示，包装背面图完成。

3) 绘制包装效果图

(1) 运行Photoshop软件，选择【文件】→【新建】命令，新建文件，设置参数，与包装正面图尺寸相同。

(2) 选择【钢笔工具】→【喷笔工具】→【多边形套索工具】命令，绘制塑料袋中高光效果部分，如图7-18所示。

 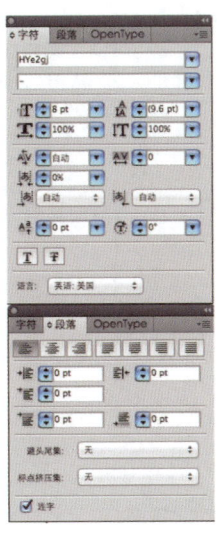 

图7-17 背面完成图　　　　图7-18 绘制塑料袋高光效果

(3) 选择【文件】→【打开】命令,选中"包装正面图",如图7-19所示。再将Photoshop里绘制的"塑料袋效果"移至此文件中,效果如图7-20所示。

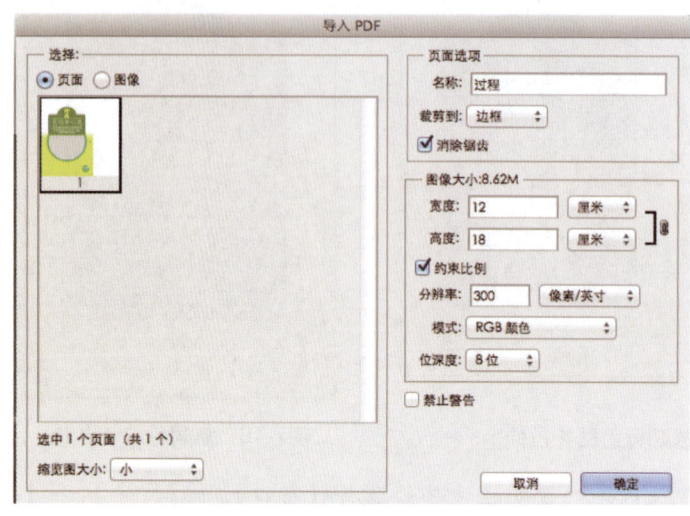

图7-19　选中"包装正面图"文件　　　　图7-20　加入塑料袋效果的包装正面图

(4) 选择【图层】→【调整】→【亮度/对比度】命令,在对话框中设置参数,如图7-21所示,包装正面效果图完成。为了使包装效果更加凸显,还可以绘制阴影效果,选择【图层】→【混合选项】→【投影】命令,在对话框中设置参数,如图7-22所示。

(5) 将绘制好的包装正面效果图(包括开窗效果图和实物效果图)和包装背面效果图置入同一画面,如图7-1所示,递送客户审阅,以此沟通修改。

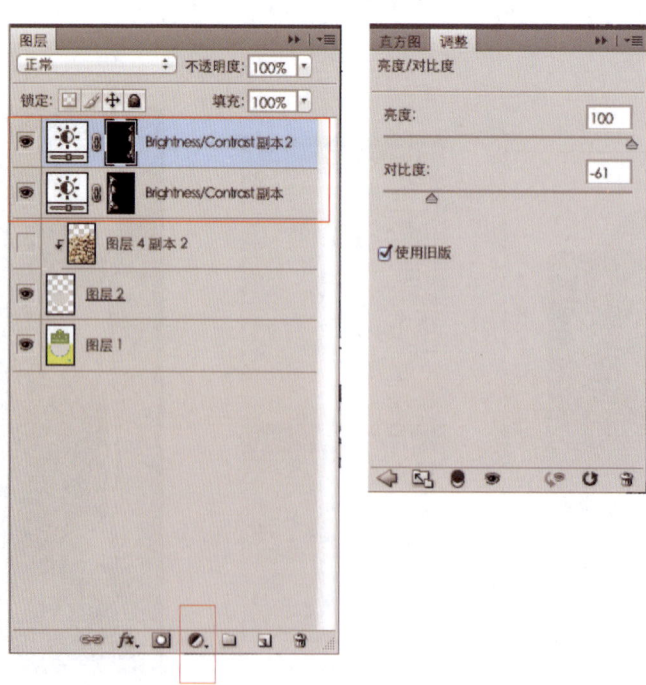

图7-21　设置"包装正面图"各项参数

第7章 包装设计制作实践

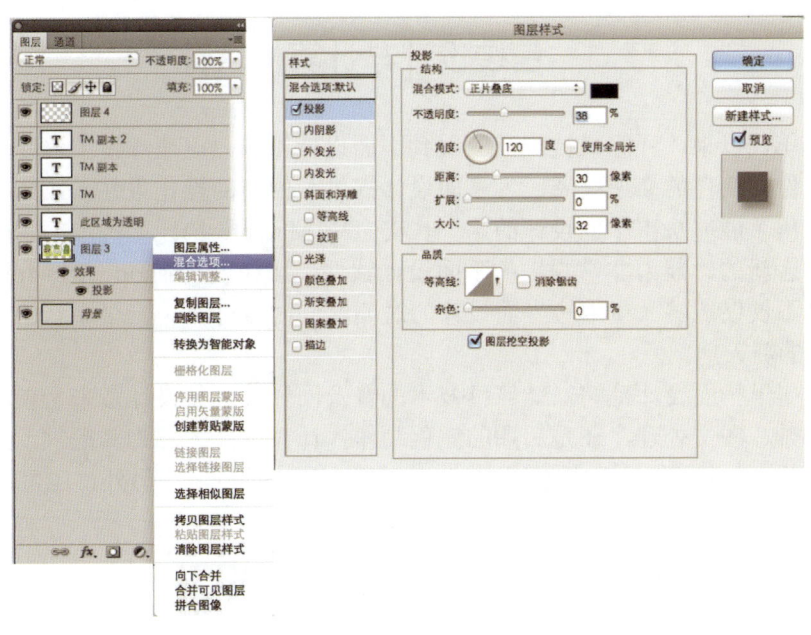

图7-22 为"包装正面图"增加阴影效果

(资料来源：郭志卉设计工作室提供)

知识拓展

出血尺寸与裁切尺寸

"出血"是印刷术语。在设计稿中有底色或图像超出裁切尺寸范围的，一般增加3mm作为出血尺寸，出血的部分在裁切线之外。其作用主要是保护成品裁切时，有色彩的地方在非故意的情况下，做到色彩完全覆盖到要表达的地方。

裁切尺寸是指稿件的实际尺寸，也就是完成印刷再经过裁切后的最终尺寸。增加出血尺寸后，在印刷后的裁切过程中，就不会产生露白边的问题，如图7-23所示。

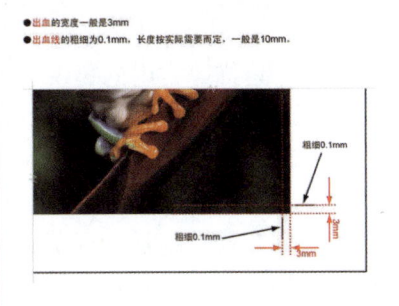

图7-23 出血尺寸

7.1 包装设计与计算机软件

20世纪80年代以来,计算机被广泛应用到平面设计领域,迅速颠覆了传统的平面设计过程。计算机硬件与软件的高速发展,为平面设计提供了便捷的操作条件,比如美国苹果公司在1984年就推出了能够从事平面设计的第一代麦金塔(Macintosh)计算机,Adobe 公司开发和发行了一系列崭新的、能力非常强大的平面软件,比如Photoshop、Illustrator、Indesign等,使计算机不仅仅能够大量缩短平面设计的时间,同时也开拓了一个崭新的、利用计算机从事创意设计的新天地。

包装设计属于平面设计范畴,计算机技术的普及同样给包装设计带来全新的设计理念。无论是版式编排、图文处理,还是后期的完稿制作,计算机技术都为其提供了前所未有的方便和快捷。目前,包装设计的常用软件包括Photoshop和Illustrator。另外,还可以利用3D软件直接模拟容器造型的设计造型、色彩、结构、角度、材质等。

7.1.1 Adobe Photoshop

Adobe Photoshop(简称"PS",如图7-24所示),是由Adobe Systems公司开发和发行的图像处理软件。Photoshop主要处理像素构成的数字图像。使用其众多的编修与绘图工具,可以有效地进行图片编辑工作。

从功能上看,该软件可分为图像编辑、图像合成、校色调色及特效制作等部分。

图7-24 "PS"图标

(1) 图像编辑是图像处理的基础,可以对图像做各种变换,如放大、缩小、旋转、倾斜、镜像、透视等,也可进行复制、去除斑点、修补、修饰图像的残损等。

(2) 图像合成则是将几幅图像通过图层操作、工具应用合成完整的、传达明确意义的图像,这是平面设计的必经之路。该软件提供的绘图工具让外来图像与创意可以很好地融合,使天衣无缝地合成图像成为可能。

(3) 校色调色是该软件中深具威力的功能之一,可方便、快捷地对图像的颜色进行明暗、色偏的调整和校正,也可在不同颜色间进行切换以满足图像在不同领域如网页设计、印刷、多媒体等方面的应用。

(4) 特效制作在该软件中主要由滤镜、通道及工具综合应用完成。包括图像的特效创意和特效字的制作,如油画、浮雕、石膏画、素描等常用的传统美术技巧都可借由该软件特效完成。而各种特效字的制作更是很多美术设计师热衷于研究该软件的原因。

Photoshop的应用领域很广泛,在图像处理、视频、出版等各方面都有涉及。Photoshop的专长在于图像处理,而不是图形创作,有必要区分一下这两个概念。图像处理是对已有的位图图像进行编辑加工处理以及运用一些特殊效果,其重点在于对图像的处理加工;图形创作软件是按照自己的构思创意,使用矢量图形来设计图形,这类软件主要有Adobe公司的另一个著名软件Illustrator、Macromedia公司的Freehand以及Corel公司的CorelDRAW(CDR)。

7.1.2 Adobe Illustrator

Adobe Illustrator是一种应用于出版、多媒体和在线图像的工业标准矢量插画的软件(见图7-25)。作为一款非常好的图片处理工具，Adobe Illustrator广泛应用于印刷出版、海报书籍排版、专业插画、多媒体图像处理和互联网页面的制作等，也可以为线稿提供较高的精度和控制，适合生产任何小型设计到大型的复杂项目。

图7-25 "Ai"图标

Adobe Illustrator作为全球最著名的矢量图形软件，最大特征在于贝塞尔曲线的使用，使得操作简单功能强大的矢量绘图成为可能。所谓贝塞尔曲线方法，在这个软件中就是通过"钢笔工具"设定"锚点"和"方向线"实现的。一般用户在刚开始使用时会感到不太习惯，需要一定的练习，但是一旦掌握以后便能够随心所欲地绘制出各种线条，并直观可靠。现在它还具备文字处理、上色等功能，不仅应用于插图制作，在印刷制品设计、制作方面也被广泛使用。同时，Illustrator与Photoshop有类似的界面，并能共享一些插件和功能，可实现无缝连接。

在包装设计过程中，Photoshop和Illustrator往往配合使用。其中，Photoshop常用于图片的处理、色彩设计和控制等，Illustrator用于文字的设计与编排以及版式的布局等。我们将通过下一节的实践案例具体讲解。

7.2 实例解析包装设计制作

本章通过对包装实例的设计、制作过程的解析，使读者能够清晰熟练地运用Photoshop软件和Illustrator软件来表达包装设计主题、制作包装展开图和包装效果图。

案例7-1

利元柠檬片的包装设计制作

1. 实例导引

图7-26所示为利元柠檬片的包装设计，该包装采用摇盖式包装纸盒，包装主题明确，色彩醒目。设计制作由Photoshop软件和Illustrator软件配合使用完成。

2. 设计制作步骤

1) 绘制包装平面图

(1) 运行Illustrator软件，选择【文件】→【新建】命令，根据客户提供的包装尺寸，结合纸张开型，计算出精确的尺寸，在对话框中设置参数，如图7-27所示。

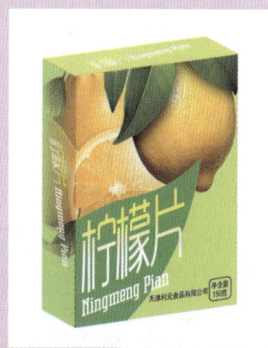

图7-26 利元柠檬片的包装设计

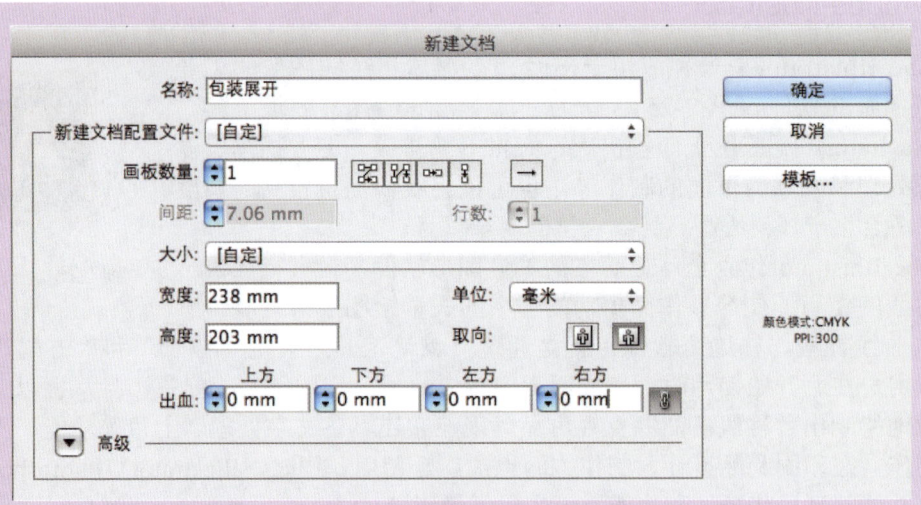

图7-27 新建文档并设置参数

(2) 选择【矩形工具】命令，结合【变换】、【描边】、【颜色】工具绘制摇盖式包装盒展开图，如图7-28所示。

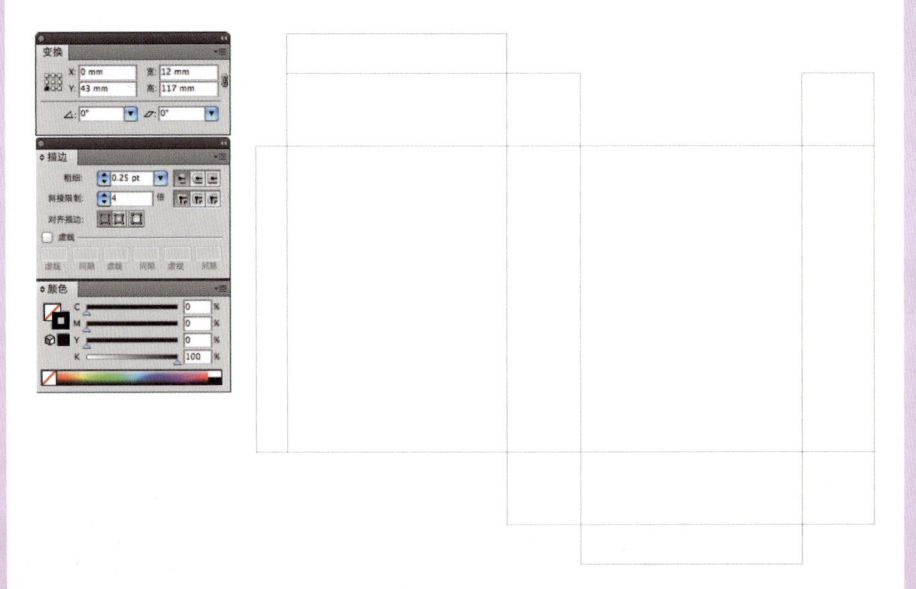

图7-28 绘制摇盖式包装盒展开图

(3) 选择【效果】→【风格化】→【圆角】命令，设置半径参数为5 mm。将图形中的直角转变为圆角，如图7-29所示。

(4) 在包装盒展开图中，实线表示裁切，虚线表示折叠。选择【描边】命令，在对话框中设置参数为线粗细：0.25 pt。选中【虚线】复选框，设置参数，如图7-30所示。将文件命名为"包装盒展开图"，保存格式为.eps。

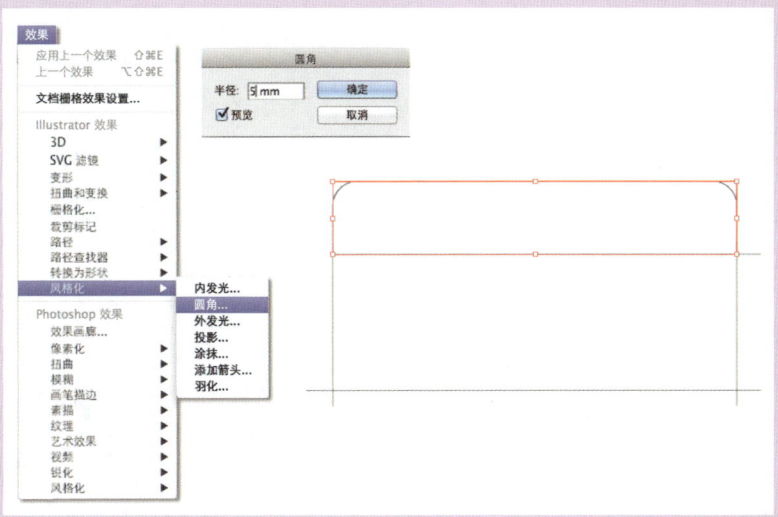

图7-29 设置圆角

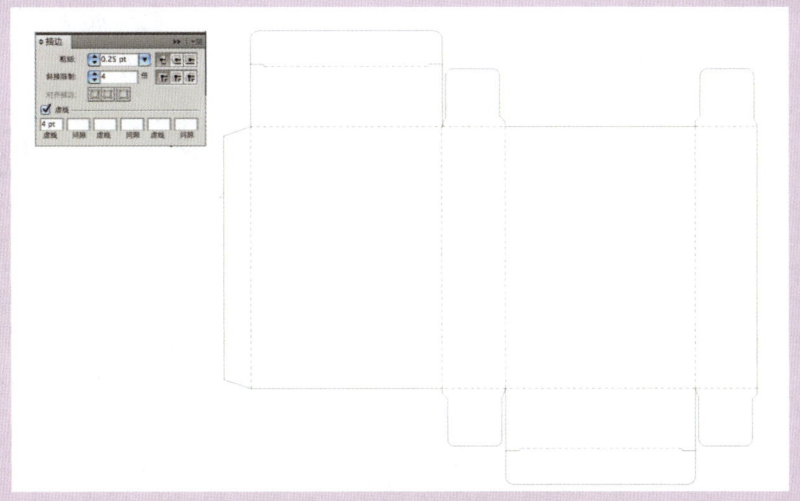

图7-30 设置包装盒展开图线型

(5) 运行Photoshop软件,在菜单中选择【文件】→【新建】命令,设定参数。新建文件的宽度与高度参数包含出血尺寸,图像的分辨率为300 dpi或350 dpi,颜色模式为CMYK,如图7-31所示。

(6) 选择【视图】→【新建参考线】工具,设定参数,如图7-32所示,用参考线界定包装的各部分。

(7) 选择【前景色】→【拾色器】,设定参数为C:30、M:0、Y:80、K:0,选择【编辑】→【填充】→【前景色】命令,填充画面,如图7-33所示。

(8) 选择【移动工具】命令,将已退底的柠檬图片拖至该文件主画面位置,如图7-34所示。使用同样的方法,将已退底的另一组柠檬图片也拖至该文件主画面位置,如图7-35所示。

图7-31 设置新建文档

图7-32 设置参考线

图7-33 做出前景图

图7-34 拖入"柠檬"图片

图7-35 拖入第二组"柠檬"图片

(9) 选择【钢笔工具】命令，勾绘出树叶的外形，并填色，如图7-36所示。

图7-36　绘制树叶并填色

(10) 选择【文字工具】命令，输入产品名称的中英文文字，选择【窗口】→【文字】→【字符】命令，在对话框中设置字体、字宽、字间距和字体颜色的参数，如图7-37所示。

图7-37　输入文字并设置参数

(11) 右击图标，在弹出的快捷菜单中选择【自由变换】命令，将"柠檬片"和"Ningmeng Pian"同时倾斜，选择【渐变工具】命令，制作"柠檬片"渐变效果，如图7-38所示。

(12) 将"柠檬片"和"Ningmeng Pian"分别放在包装盒的侧面及背面，如图7-39所示。将文件命名"柠檬包装盒展开"并存为 psd 的文件格式，便于修改；再存储为一份tif格式的文件，如图7-40所示。

(13) 运行Illustrator软件，选择【文件】→【打开】命令，打开"包装盒展开图.eps"文件，选择【文件】→【置入】命令，将"柠檬包装盒展开.tif"文件置入，如图7-41和图7-42所示。

包装设计

图7-38　设置渐变色字体 　　　　　　图7-39　放置文字于侧面及背面

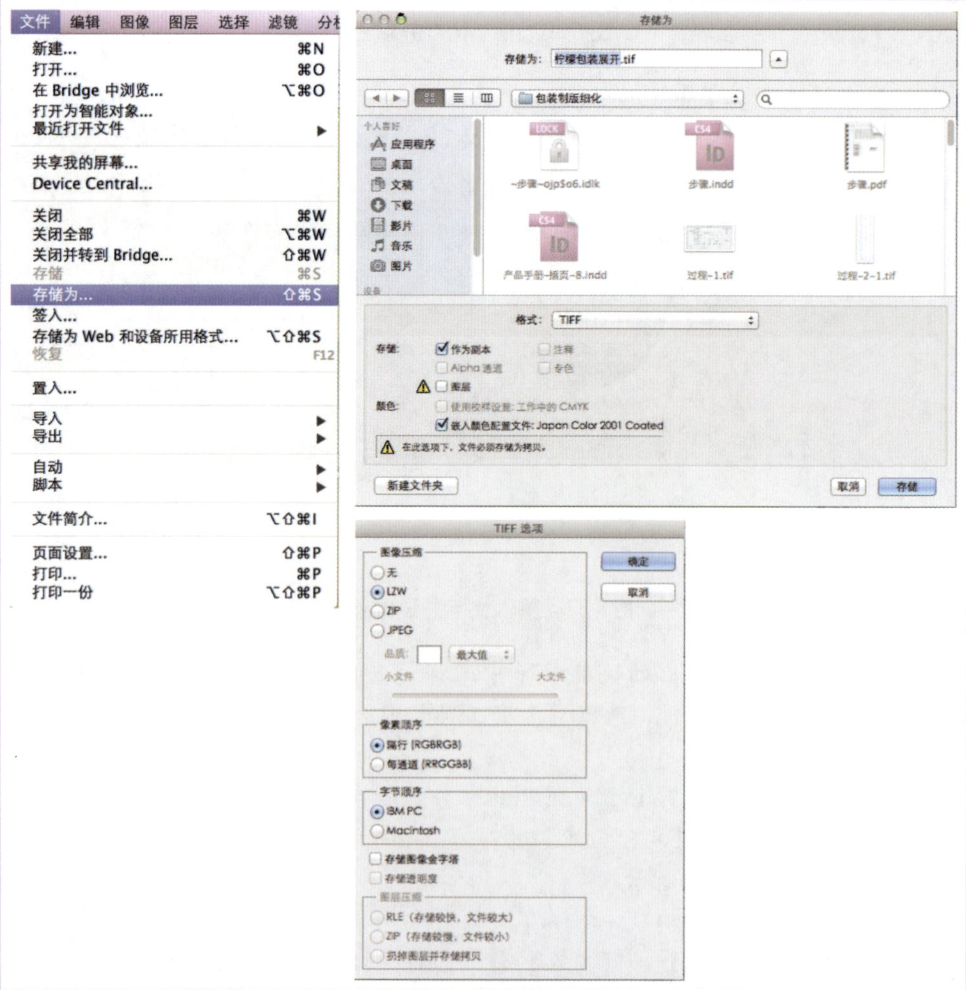

图7-40　存储文件

160

第7章 包装设计制作实践

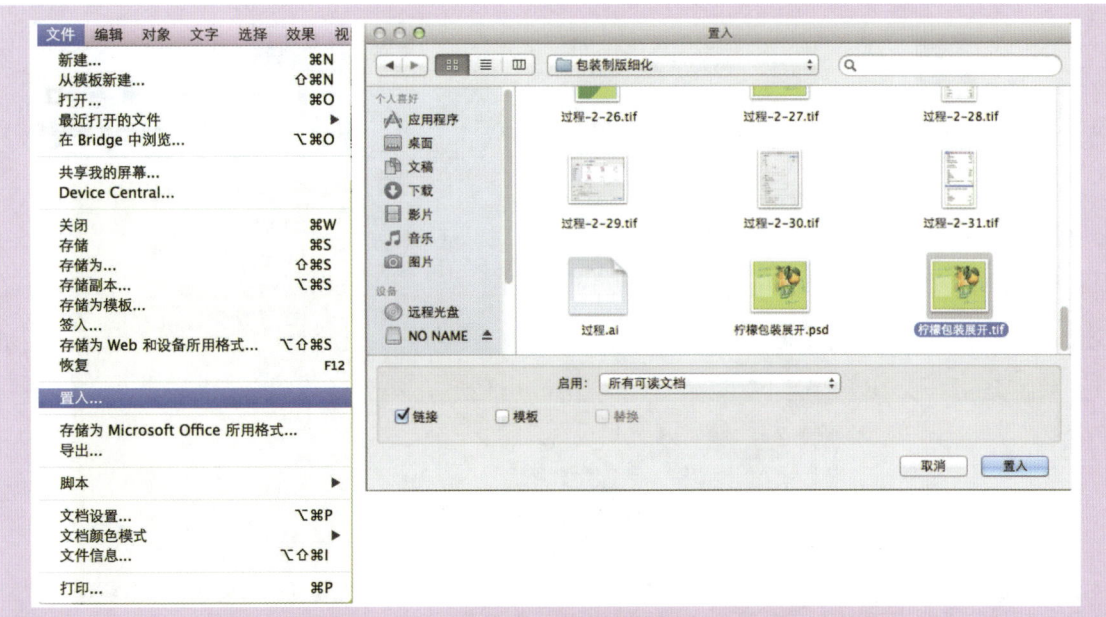

图7-41 置入文件

图7-42 置入后的效果

(14) 选择【文字工具】命令，输入产品的说明性文字。选择【窗口】→【文字】→【字符】命令，在对话框中设置字体大小、行距、水平缩放、垂直缩放、字间距的参数，选择【窗口】→【文字】→【段落】命令，选择段落的对齐方式。将客户提供的商品条形码及生产许可一并完善，如图7-43所示。

图7-43 输入说明性文字及条码、生产许可

(15) 包装平面图绘制完成,如图7-44所示,存储为"包装展开图.eps"。

图7-44 最终包装平面图

2) 绘制包装效果图

(1) 运行Illustrator软件,选择【文件】→【新建】命令,设置一张A3大小的文件。选择【矩形工具】命令,绘制一个包装盒正面尺寸的矩形。选择【效果】→3D→【凸出和斜角】命令,在对话框中设置参数,生成立体盒型,如图7-45所示,将文件命名为"包装盒立体图",保存格式为.eps。

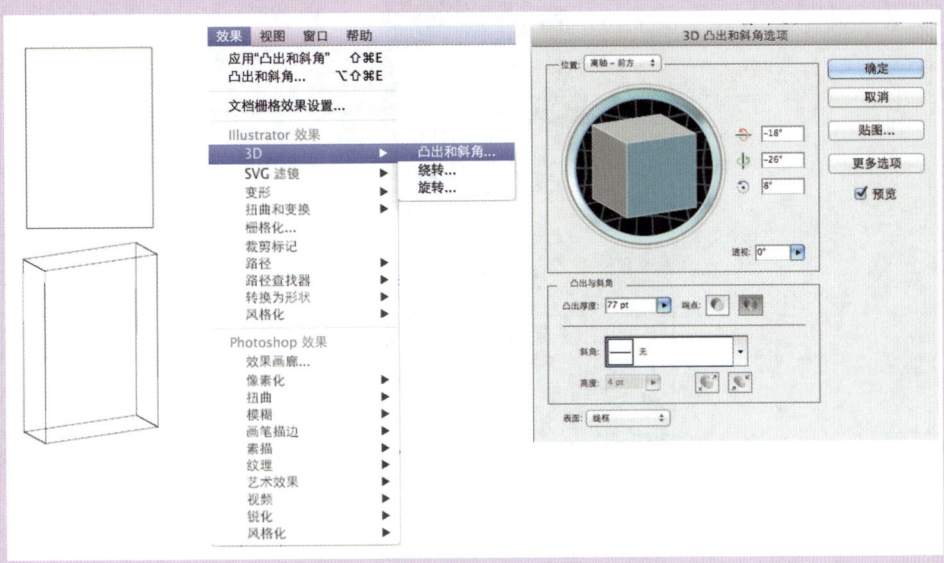

图7-45　选择【凸出和斜角】命令

(2) 运行Photoshop软件,选择【文件】→【打开】命令,分别打开"包装盒立体图.eps"和"包装展开图.eps",如图7-46所示。

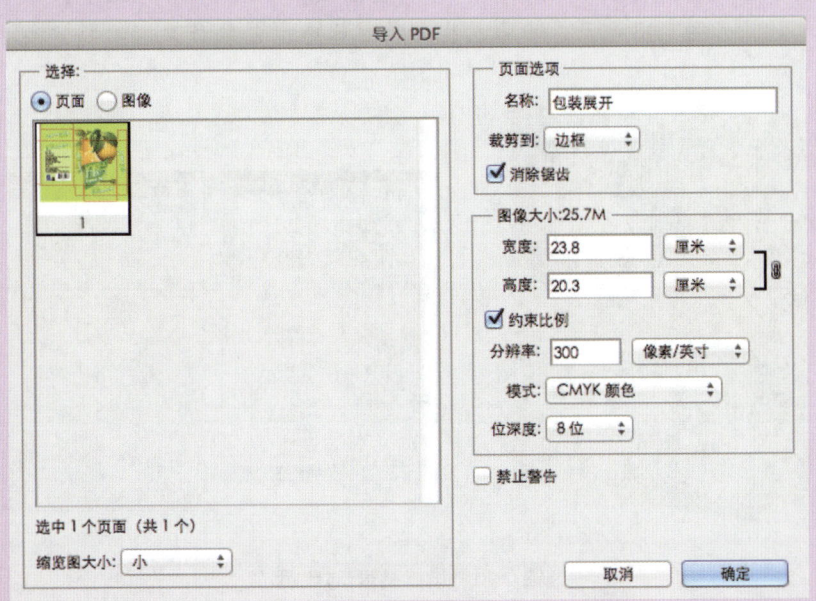

图7-46　打开图片

(3) 选择【矩形选框工具】命令,将"包装展开图"的正面裁出并置入"包装盒立体图"中,选择【自由变换】命令,将正面与立体盒型吻合,如图7-47所示。

图7-47 选择【自由变换】命令

(4) 运用同样的方法,将包装盒的侧面和顶面完成。在图层面板中新建图层,置于侧面层与顶面层之上,选择【图层】→【调整图层】→【亮度/对比度】命令,在对话框中设置参数,如图7-48所示,增加包装盒的立体感,包装效果图绘制完成。

图7-48 设置亮度/对比度

(资料来源:郭志卉设计工作室提供)

第7章　包装设计制作实践

案例7-2

弥赛特葡萄酒的包装设计制作

1．实例导引

图7-49所示为弥赛特葡萄酒的包装设计，该包装由玻璃瓶和瓶签两个部分组成，瓶签材料为纸材。设计制作由Photoshop软件和Illustrator软件配合使用完成。

2．设计制作步骤

1) 绘制葡萄酒瓶签正面图

(1) 运行Photoshop软件，选择【文件】→【新建】命令，根据葡萄酒瓶的尺寸确定瓶签大小，设置参数，参数包括出血尺寸，如图7-50所示。

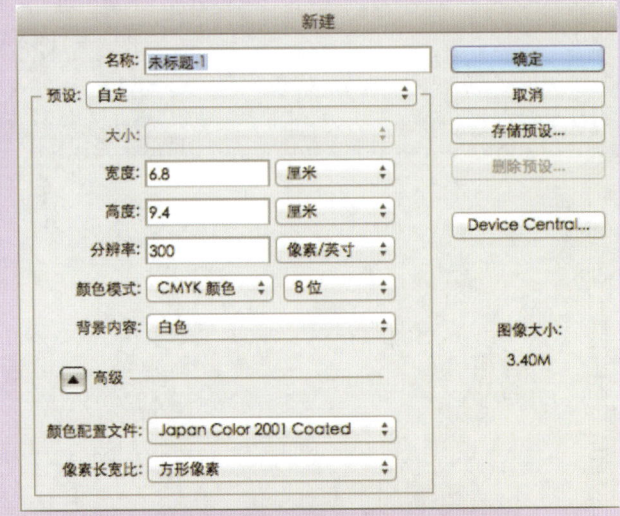

图7-49　弥赛特葡萄酒的包装设计　　　　图7-50　新建图层并设置参数

(2) 选择【编辑】→【填充】→【前景色】命令，设置参数为C:0、M:0、Y:20、K:0，填充颜色。新建图层于底图之上，选择【渐变工具】中的"前景色到透明渐变"，设置参数为C:0、M:65、Y:65、K:0，由上至下做渐变，如图7-51所示。

(3) 选择【图像】→【模式】→【灰度】命令，如图7-52所示，将素材图的色彩模式转变为灰度。

(4) 选择【窗口】→【通道】命令，按住Ctrl键的同时通过鼠标将灰色通道选中，图层面板中新建一层，将选中的部分填充黑色，如图7-53所示。将这一图层中的图拖至瓶签文件中，如图7-54所示。

包装设计

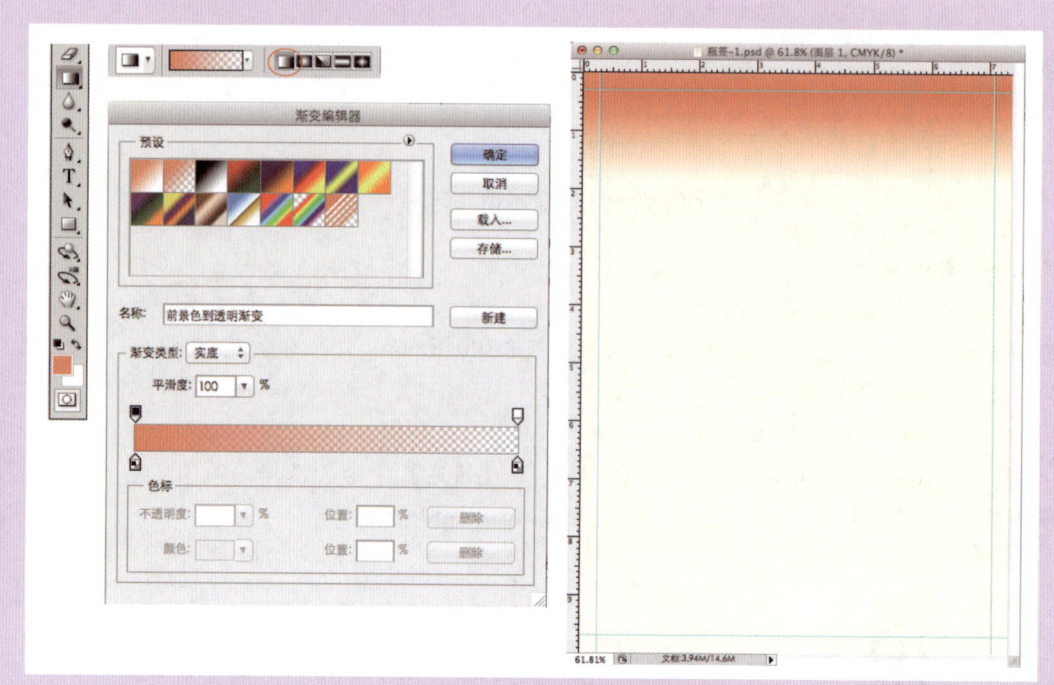

图7-51 在底图上新建图层

图7-52 调整素材图的色彩模式

第7章　包装设计制作实践

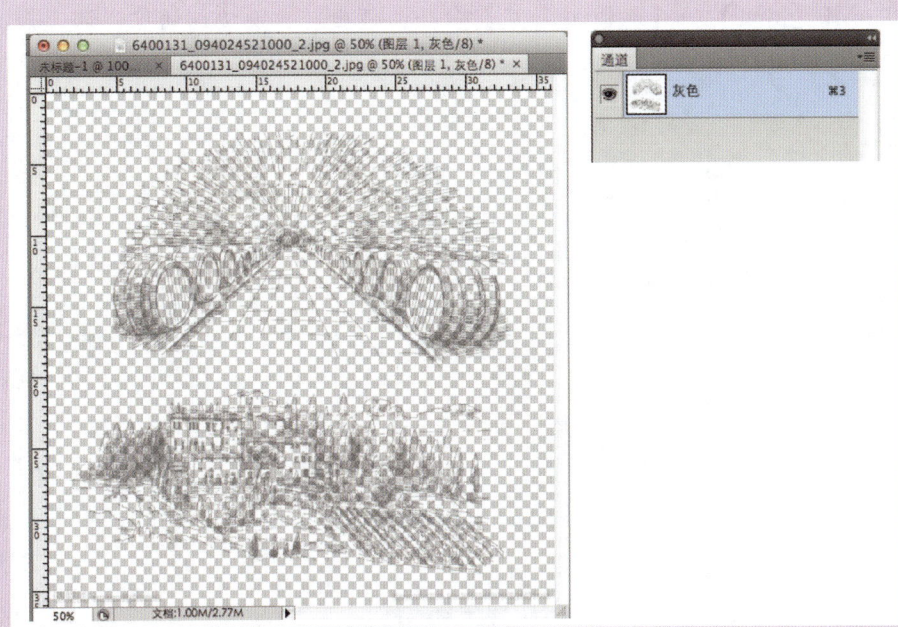

图7-53　新建图层

图7-54　将新图层的图拖至瓶签文件

(5) 选择【图像】→【色相/饱和度】命令，调出与画面协调的棕色调，如图7-55所示。

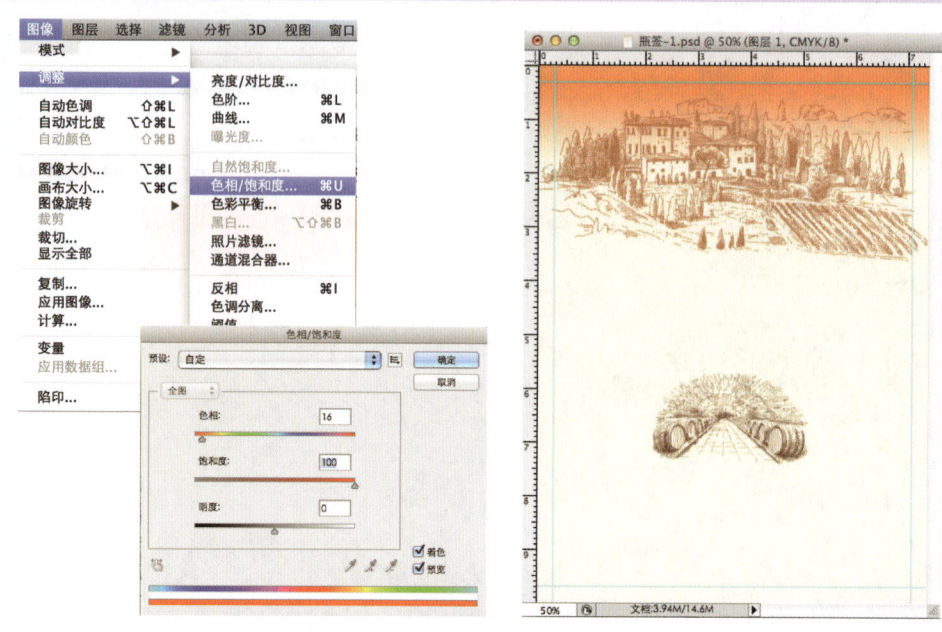

图7-55　调色

(6) 选择【文字工具】命令，输入产品名称的中英文文字，选择【窗口】→【文字】→【字符】命令，在对话框中设置字体、字宽、字间距和字体颜色的参数，葡萄酒瓶签正面图制作完成，如图7-56所示。

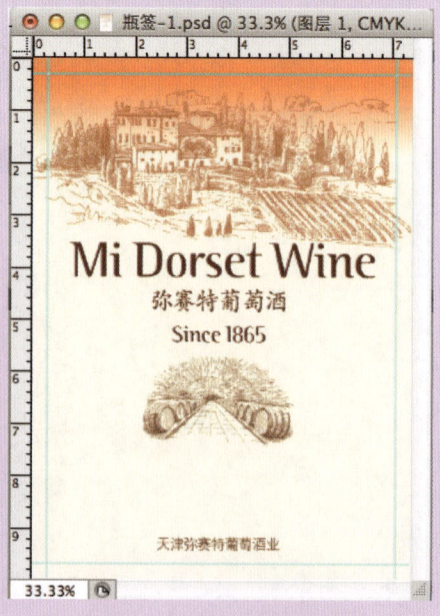

图7-56　瓶签正面完成图

2)绘制葡萄酒瓶签背面图

(1)运行Photoshop软件,创建一个与瓶签正面图尺寸相同的文件,并将包装正面图中的部分对象选中,选择【编辑】→【复制】→【粘贴】命令至瓶签背面图中,将文件存储为"瓶签背面底图.tif"。

(2)运行Illustrator软件,选择【文件】→【置入】命令,在瓶签背面底图上选择【文字工具】命令,输入葡萄酒的说明性文字,选择【窗口】→【文字】→【字符】命令,在对话框中设置字体大小、行距、水平缩放、垂直缩放、字间距的参数,选择【窗口】→【文字】→【段落】命令,选择段落的对齐方式,如图7-57所示,葡萄酒瓶签背面图制作完成。

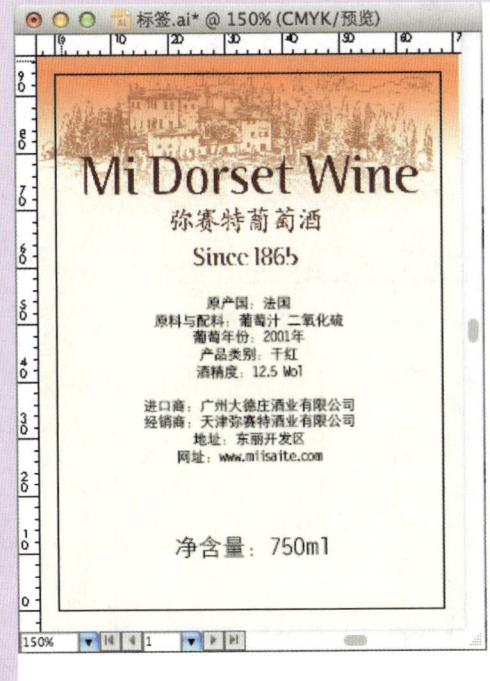

图7-57 设置瓶签背面图

3)绘制葡萄酒包装效果图

(1)运行Illustrator软件,选择【文件】→【新建】命令,设置参数,如图7-58所示。

(2)选择【钢笔工具】命令,勾出酒瓶的外形并设置参数,前景色为C:0、M:0、Y:0、K:0,描边颜色为C:0、M:0、Y:0、K:100。存储文件,格式为ai,如图7-59所示。

(3)运行Photoshop软件,选择【文件】→【新建】命令,建立新文件,选择【文件】→【置入】命令,在文件中置入Illustrator里的酒瓶,如图7-60所示。

(4)选择【编辑】→【填充】→【前景色】命令,设置参数为C:0、M:0、Y:20、K:100,如图7-61所示。

(5)选择【工具箱】→【椭圆选框工具】命令,将酒瓶的瓶颈部分选中,设置参数为C:50、M:100、Y:95、K:30,填充颜色,如图7-62所示。

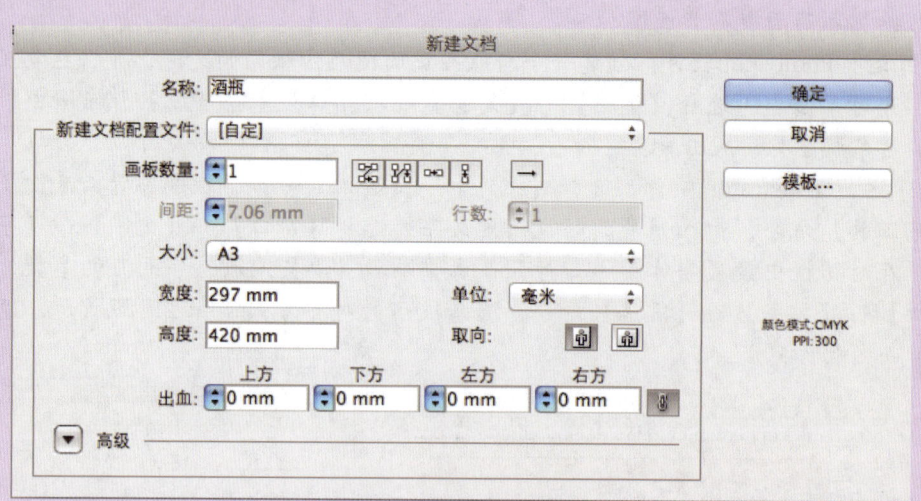

图7-58 设置新文件参数

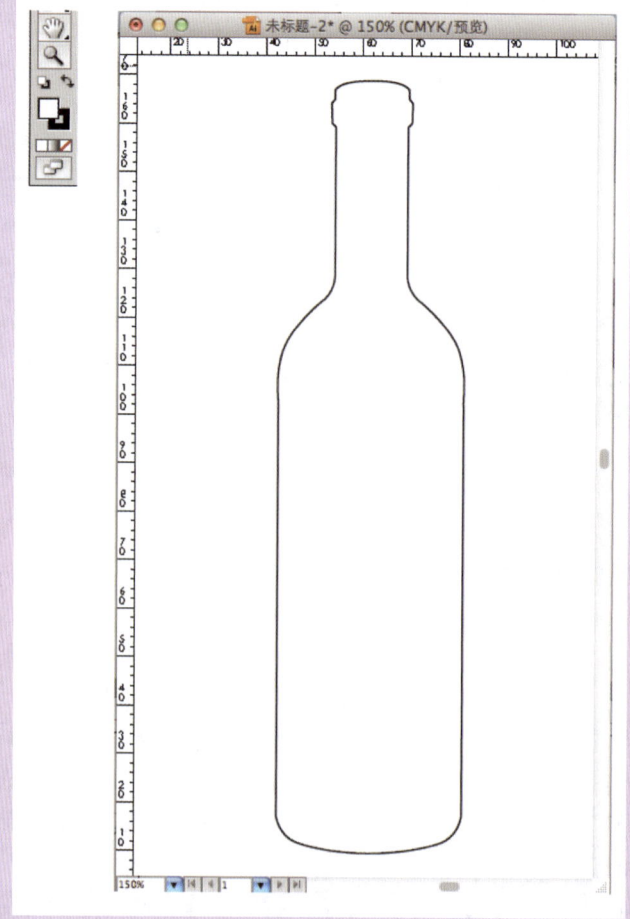

图7-59 绘出酒瓶

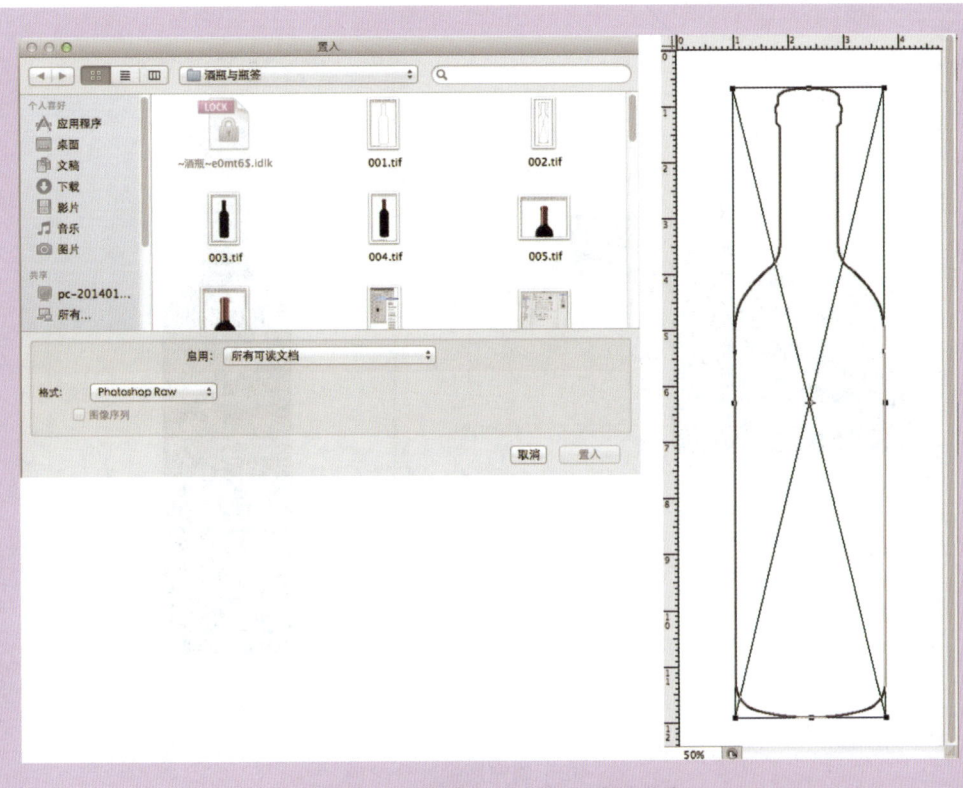

图7-60　在新建文件中置入酒瓶图片

图7-61　填充前景色

包装设计

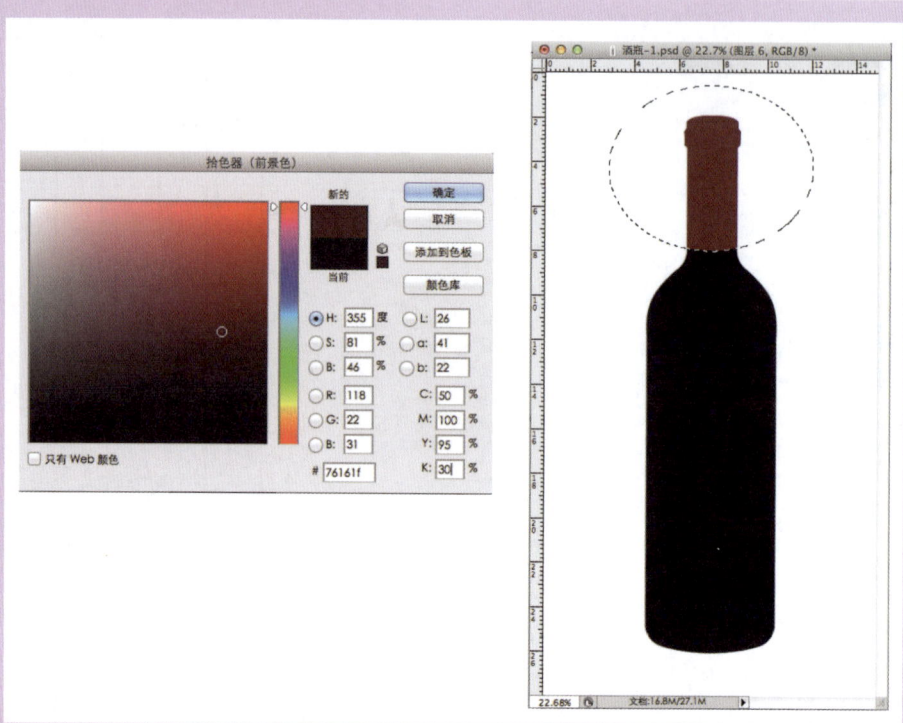

图7-62 填充瓶颈部分颜色

(6) 选择【工具箱】→【钢笔工具】命令,将瓶颈的高光部分勾画出路径,将路径变为选区,选择【选择】→【修改】→【羽化】命令,设置参数为10,前景色设置为白色并填充,如图7-63所示。

图7-63 瓶颈高光并羽化

(7) 选择【工具箱】→【钢笔工具】命令，将瓶颈的暗部勾画出路径，将路径变为选区，选择【选择】→【修改】→【羽化】命令，设置参数为10，前景色设置为白色并填充，选择【图层面板】→【不透明度】命令，设置参数为60%，如图7-64所示。

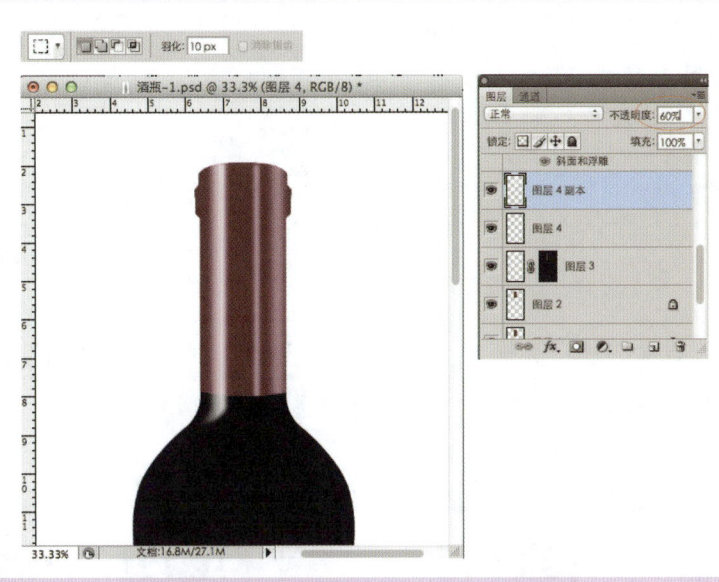

图7-64　瓶颈暗部设置

(8) 将瓶口的部分选中，选择【图层】→【图层样式】→【混合选项】→【投影】命令，设置参数，如图7-65和图7-66所示。完成之后再选择【图层】→【图层样式】→【混合选项】→【斜面和浮雕】命令，设置参数，如图7-67所示。

图7-65　选中瓶口

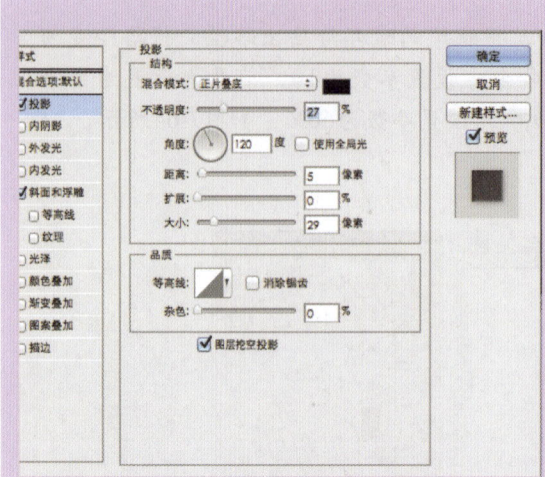
图7-66 设置"投影"参数

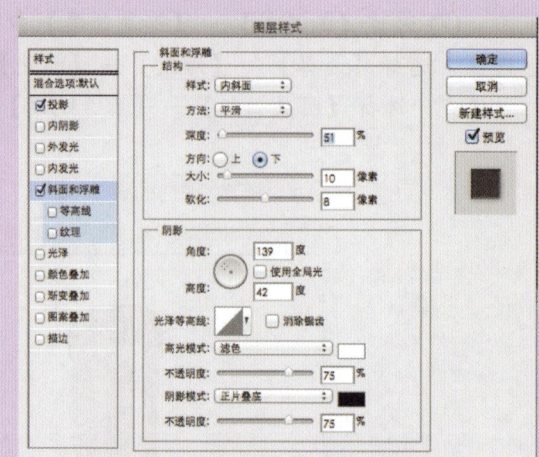
图7-67 设置"斜面和浮雕"参数

(9) 运用瓶颈的绘制方法制作瓶身的立体效果,如图7-68所示。

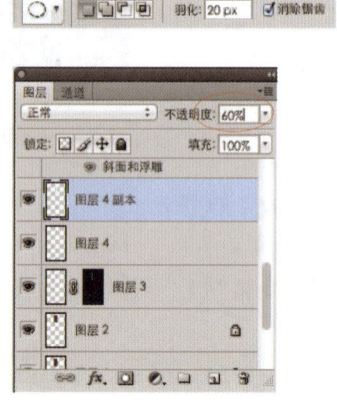

图7-68 制作立体效果

(10) 将瓶签正面图打开并拖入酒瓶效果图中,向左旋转90度,选择【滤镜】→【扭曲】→【切变】→【折回】,手动调整弧度大小,如图7-69所示。再向右旋转90度,瓶签与酒瓶相吻合,如图7-70所示。

(11) 运用同样方法将瓶签背面贴敷于酒瓶上,如图7-71所示。弥赛特葡萄酒包装的效果图制作完成。

图7-69　手动调整弧度大小

图7-70　右旋瓶签与酒瓶吻合

图7-71　瓶签背面贴敷于酒瓶上

(资料来源:郭志卉设计工作室提供)

包装设计

案例7-3

及时雨青柠饮料的包装设计制作

1．实例导引

图7-72所示为及时雨青柠饮料的包装设计，该包装是易拉罐听装饮料，属于金属材质。设计制作由Photoshop软件和Illustrator软件配合使用完成。

2．设计制作步骤

1）绘制包装平面图

(1) 根据易拉罐的直径计算出包装展开图的长度，运行Photoshop软件，选择【文件】→【新建】命令，设置参数，如图7-73所示。

 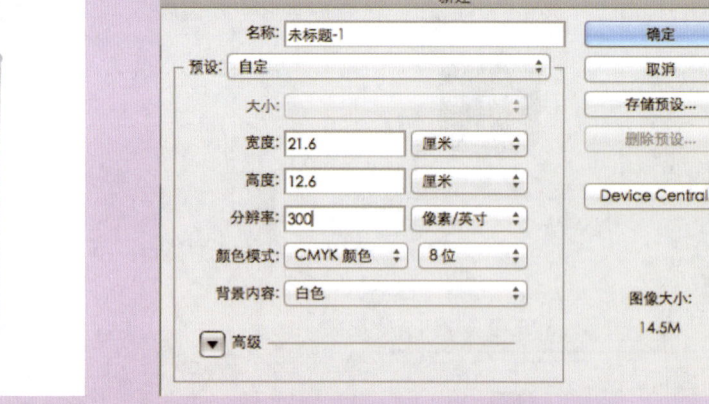

图7-72　及时雨青柠饮料的包装设计　　　　图7-73　新建文件并设置参数

(2) 选择【视图】→【新建参考线】工具，设定参数，用参考线界定包装的各部分，如图7-74所示。

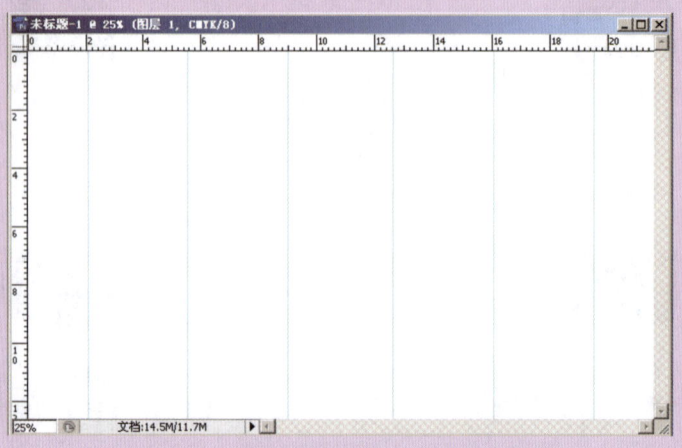

图7-74　新建参考线界定包装各部分

(3) 选择【渐变工具】→【渐变编辑器】,模拟金属色的效果,填充底色,如图7-75和图7-76所示。

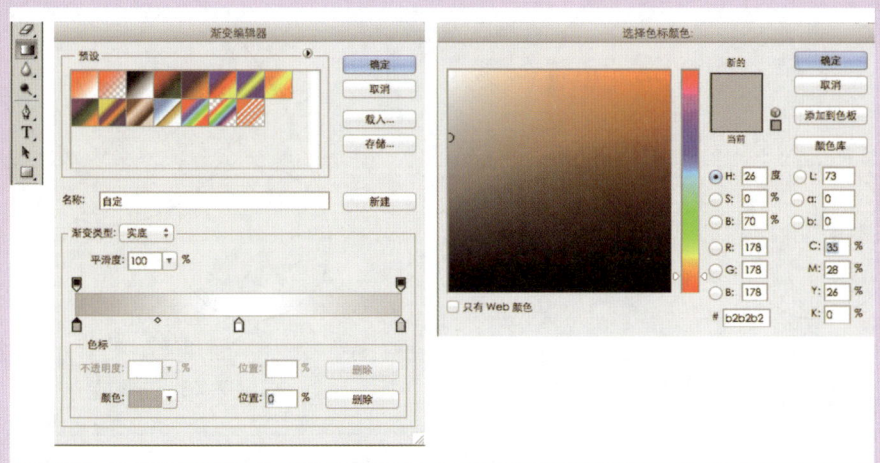

图7-75 设置"渐变色"

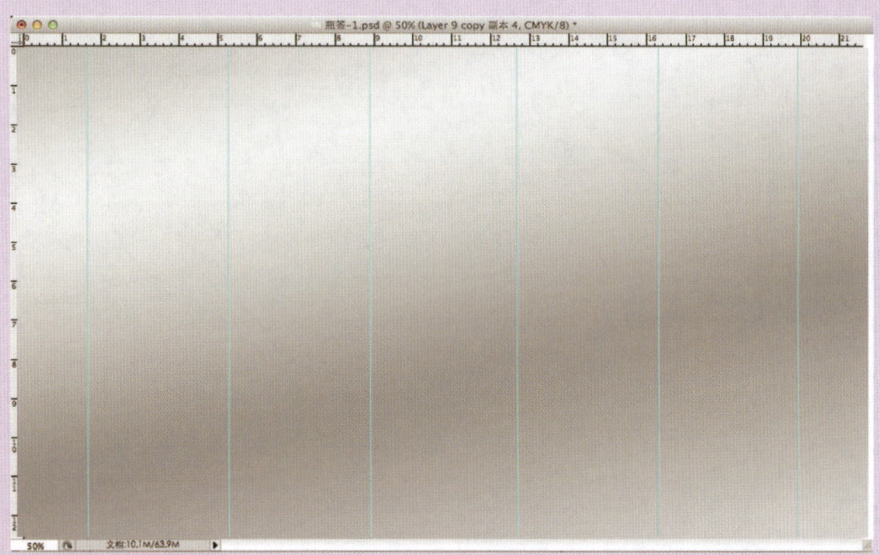

图7-76 填充底色

(4) 运行Illustrator软件,选择【文件】→【新建】命令,建立一张A3尺寸的文件。

(5) 选择【椭圆工具】命令,绘制两个圆形,如图7-77所示;选择【钢笔工具】命令,将两个圆形连接,如图7-78所示;将两个圆形与连接线全部选中,选择【窗口】→【路径查找器】中的"联集"功能,合并为一体,如图7-79所示,并将新图形的外形调整流畅。

(6) 选择【椭圆工具】命令,绘制一个椭圆形,置于新图形之下,如图7-80所示。

(7) 将此图形与新图形同时复制、粘贴到Photoshop的底图文件中,执行【编辑】→【填充】→【前景色】命令,设置参数为C:30、M:0、Y:100、K:0,如图7-81和图7-82所示。

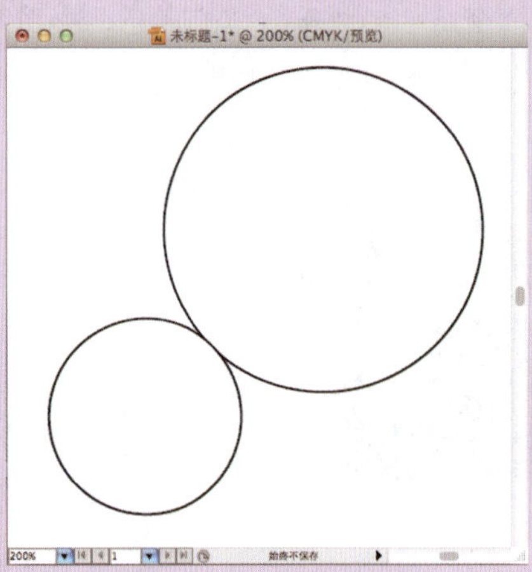

包装设计

图7-77　绘制两个圆形 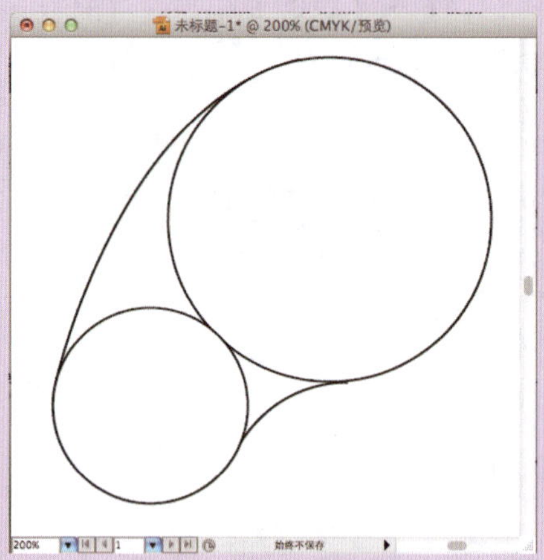　　　　　　　　图7-78　连接图形

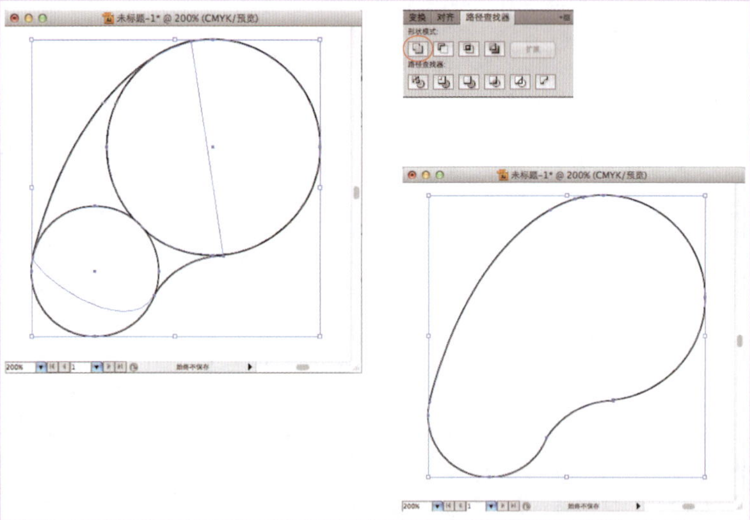

图7-79　图形合并

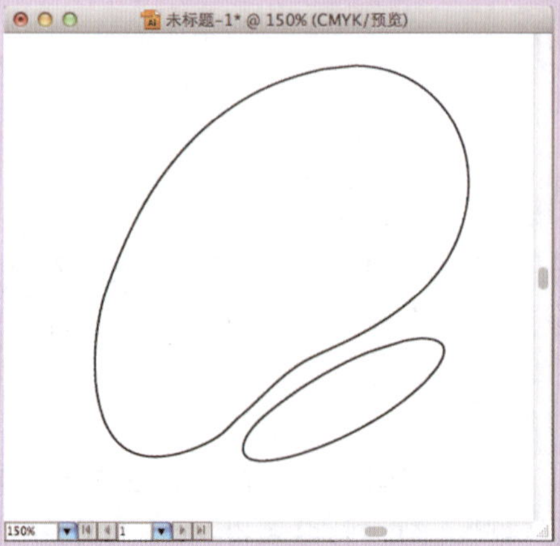

图7-80　绘制小椭圆

07

178

第7章 包装设计制作实践

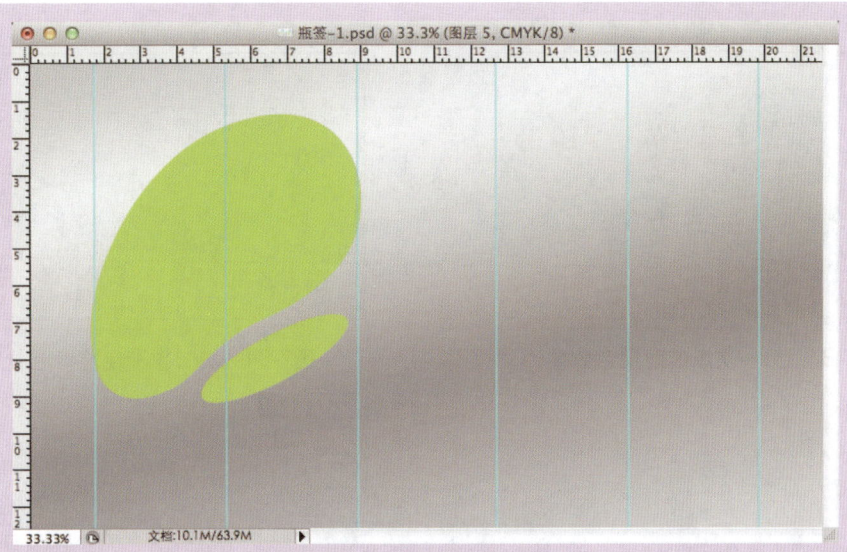

图7-81　将圆形置于底图中

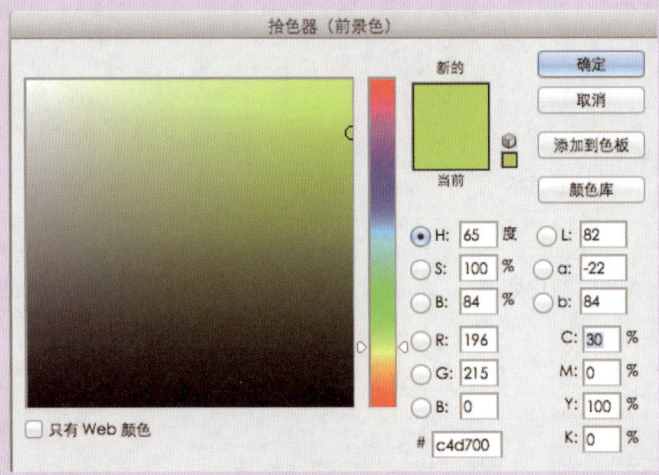

图7-82　设置前景色

(8) 选择【图层】→【锁定】命令，锁定新图形所在层。选择【渐变工具】中的"前景色到透明渐变"，设置参数为C:90、M:0、Y:20、K:0，由上至下做渐变，如图7-83所示。再次选择【渐变工具】中的"前景色到透明渐变"，设置参数为C:80、M:40、Y:0、K:0，由上至下做渐变，如图7-84所示。

(9) 选择【工具箱】→【钢笔工具】命令，将图形的高光部分勾画出路径，将路径变为选区，选择【选择】→【修改】→【羽化】命令，设置参数为10，前景色设置为白色并填充，如图7-85所示。

(10) 右击选中该图形所在层的【混合选项】→【投影】，设置参数，如图7-86和图7-87所示，再选择【混合选项】→【描边】命令，设置参数，如图7-88所示。图7-89是完成效果。

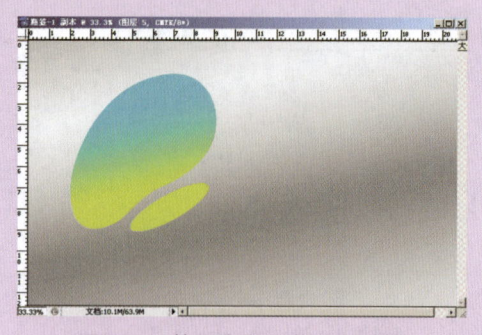

图7-83 第一次渐变前景色效果

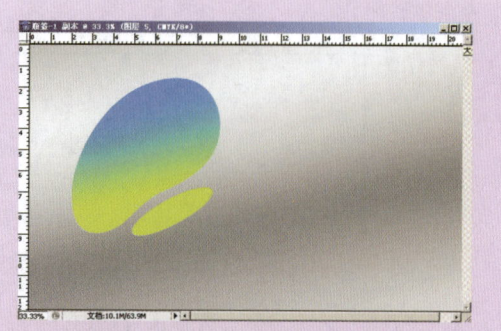

图7-84 第二次渐变前景色效果

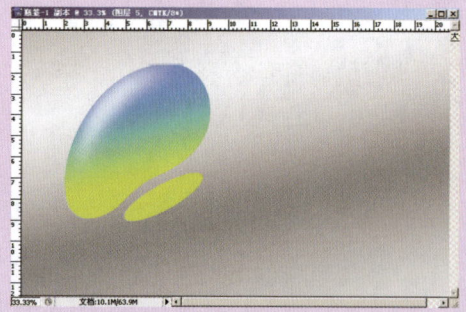

图7-85 做高光、羽化处理

图7-86 选择图层

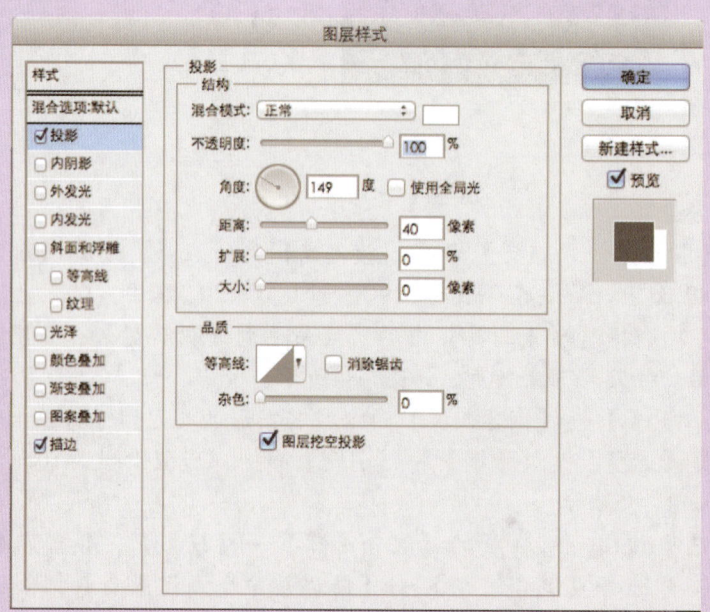

图7-87 设置"投影"参数

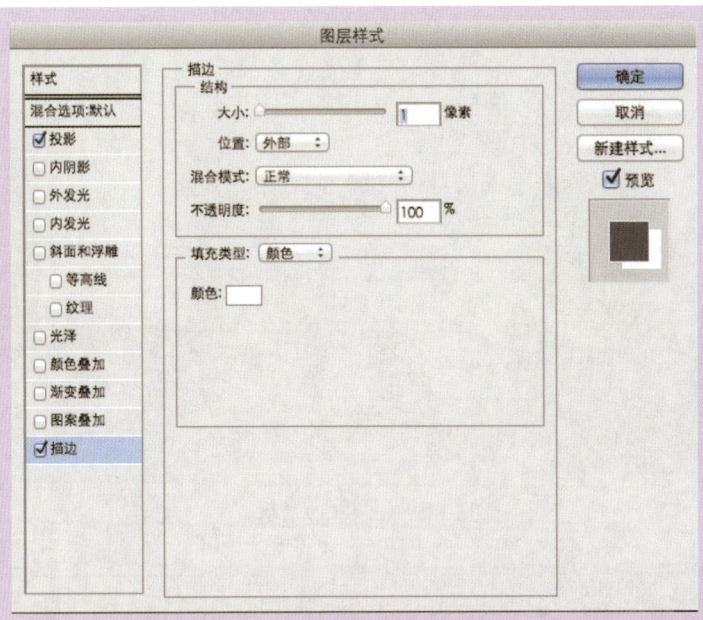

图7-88 设置"描边"参数

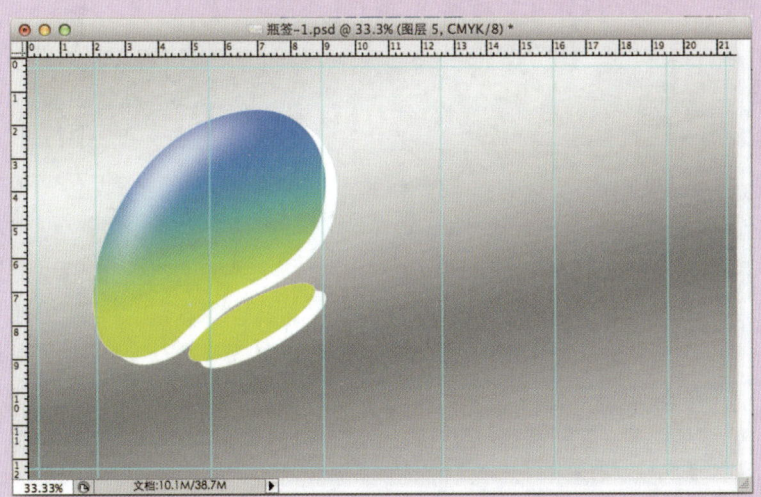

图7-89 完成效果

(11) 选择【移动工具】命令,将其他素材复制到该文件中,如图7-90和图7-91所示。

(12) 复制主画面图形,易拉罐正面与背面设计相同,如图7-92所示,将文件存储为"瓶签-1.psd"。

(13) 运行Illustrator软件,选择【文件】→【新建】命令,设置参数,尺寸与"瓶签-1.psd"文件相同。

(14) 选择【文件】→【置入】命令,将"瓶签-1.psd"文件置入,如图7-93所示。

(15) 选择【文字工具】命令,输入产品名称的中英文文字,选择【窗口】→【文字】→【字符】命令,设置字体、字宽、字间距和字体颜色的参数,如图7-94所示。

图7-90　复制其他素材(1)

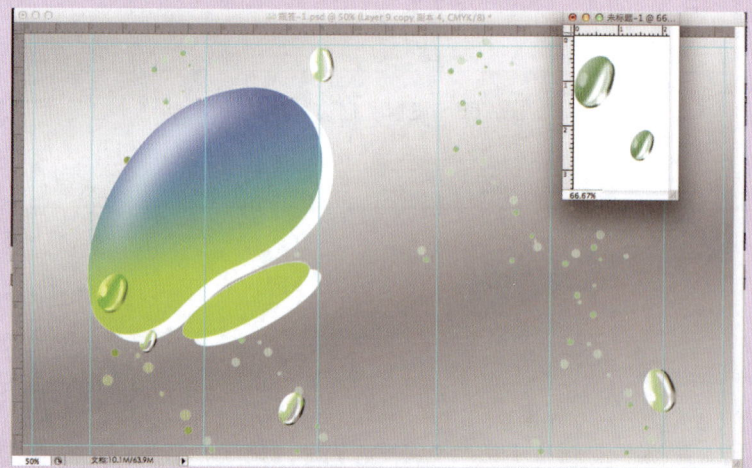

图7-91　复制其他素材(2)

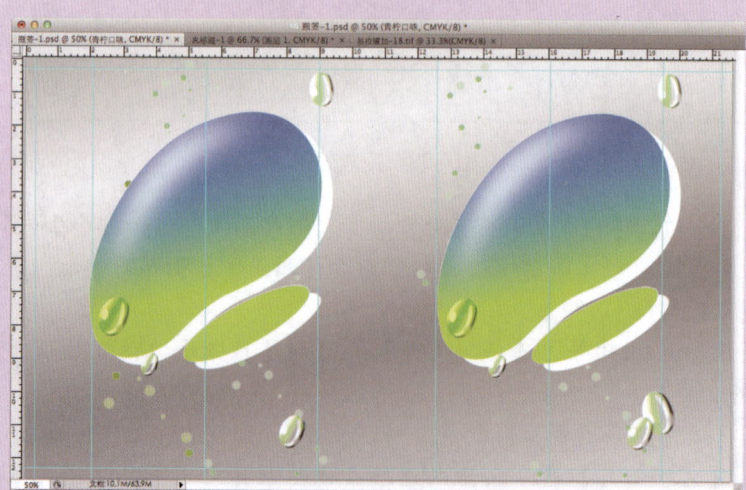

图7-92　复制主画面图形

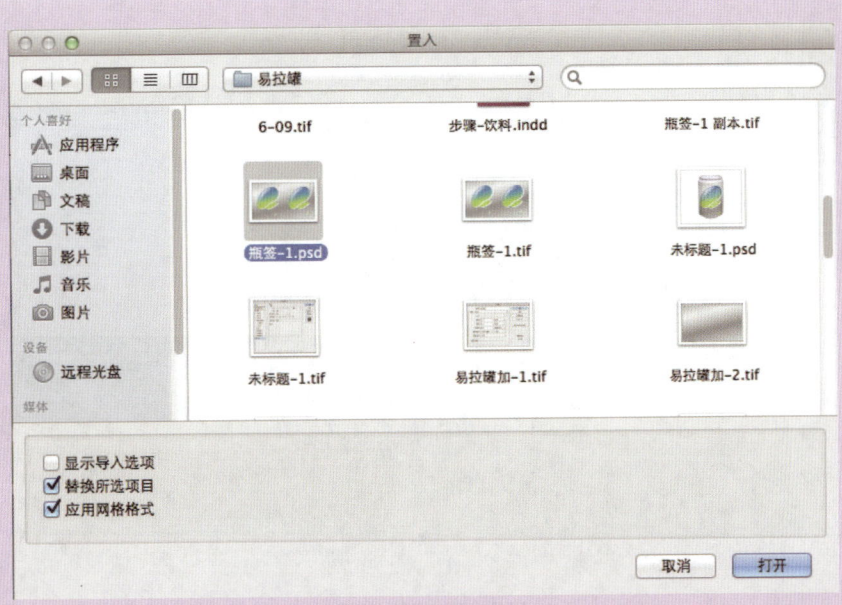

图7-93 选择置入文件

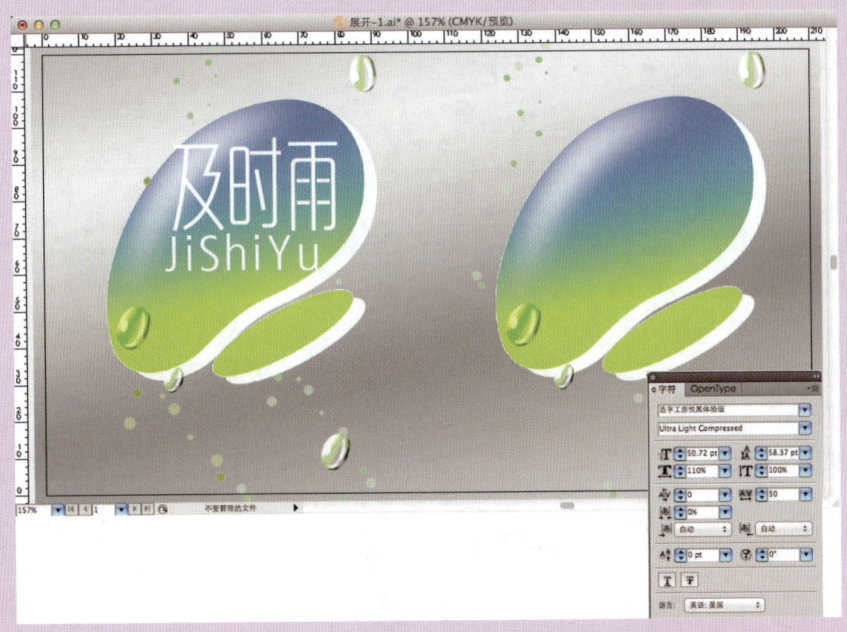

图7-94 输入产品名称并设置参数

(16) 同时选取"及时雨"和"jishiyu",双击【倾斜工具】→【垂直】,设置参数,如图7-95所示。

(17) 选择【文字工具】命令,输入"青柠口味",选择【窗口】→【文字】→【字符】命令,设置字体、字宽、字间距和字体颜色的参数。双击【旋转工具】,设置参数,如图7-96所示。

图7-95 设置倾斜

图7-96 设置"青柠口味"文字的格式

(18) 将文字部分复制到另一图形的相同位置。选择【文字工具】命令,输入说明性文字,选择【窗口】→【文字】→【字符】命令,设置字体大小、行距、水平缩放、垂直缩放、字间距和字体颜色的参数,条形码的位置预留,如图7-97所示。

2) 绘制包装效果图

(1) 运行Photoshop软件,选择【文件】→【新建】命令,建立新文件。

(2) 选择【3D】→【从图层新建形状】→【易拉罐】命令,设置参数,如图7-98和图7-99所示。

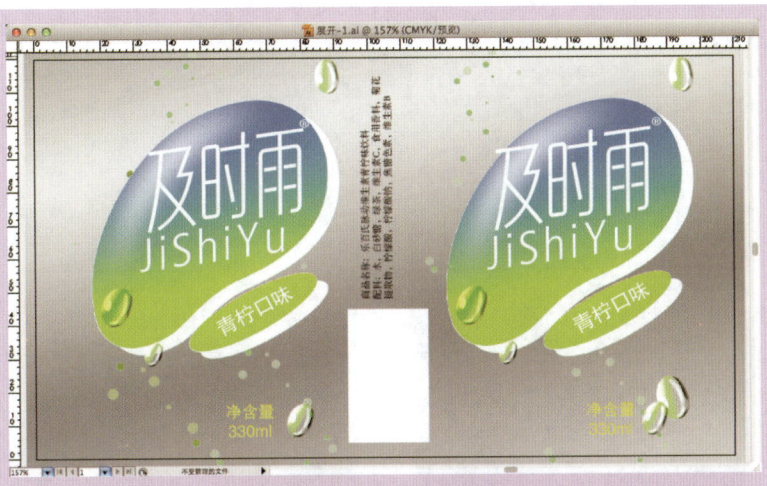

图7-97 复制文字并输入说明性文字

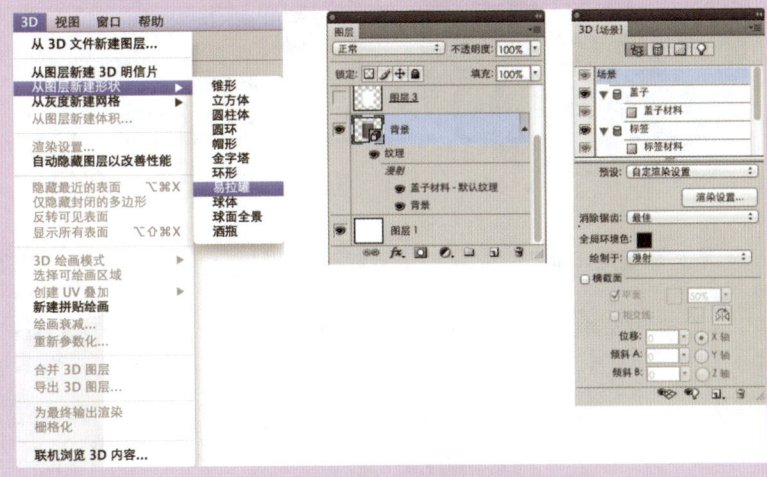

图7-98 设置"易拉罐"参数

图7-99 易拉罐效果图

(3) 将包装平面图的正面复制、粘贴到易拉罐效果图中，如图7-100所示。

图7-100 包装平面图正面粘贴至易拉罐效果图

(4) 将包装正面图向左旋转90度，选择【滤镜】→【扭曲】→【切变】→【折回】命令，手动调整弧度大小，如图7-101所示；再向右旋转90度，将正面图与易拉罐相吻合，如图7-102所示。

图7-101 手动调整正面图弧度

图7-102 右旋正面图与易拉罐吻合

(5) 选择【图层】→【调整图层】→【亮度/对比度】命令，设置参数，增强易拉罐包装的立体感，效果图绘制完成，如图7-72所示。

(资料来源：郭志卉设计工作室提供)

本章小结

计算机技术应用于包装的设计、制版、印刷以及工艺加工等环节，使之更加高效、稳定、优质。本章以实例的形式，有条理、有步骤地对不同形态、材料的包装设计进行深入讲解，材料涉及纸、玻璃、塑料、金属等，包装形态包括盒、瓶、袋等。希望通过本章的学习，使读者能够掌握运用Photoshop软件和Illustrator软件进行包装的设计制作。

1. 简述Photoshop软件的特点以及对包装设计的作用。
2. 简述Illustrator软件的特点以及对包装设计的作用。
3. 结合实例具体分析Photoshop软件和Illustrator软件在包装设计中的作用。

实训课题一：临摹本章中各实例。

(1) 内容：按照本章中的实例解析，逐一临摹练习。

(2) 要求：通过临摹练习，熟练掌握包装设计的制作过程、Photoshop软件和Illustrator软件的使用特点、不同包装材料的表现技巧、不同形态包装造型的制作方法以及效果图的绘制。

实训课题二：某品牌食品包装盒设计。

(1) 内容：自选某品牌食品，根据市场调研报告设计制作一件纸质包装盒。

(2) 要求：运用Photoshop软件和Illustrator软件设计制作包装盒的展开图和效果图。展开图包括主画面、侧面、背面。要求创意新颖、主题明确、信息完整。

参 考 文 献

[1] 王国伦，王子源．商品包装设计[M]．北京：高等教育出版社，2002．
[2] 李宝元．广告学教程[M]．北京：人民邮电出版社，2004．
[3] [美]拉兹罗·鲁斯，乔治·L.威本佳．包装设计图形手册[M]．赵黎明译．沈阳：辽宁科学技术出版社，2002．
[4] 龙冬阳．商业包装设计[M]．台北：柠檬黄文化事业有限公司，1994．
[5] 高中羽．包装装潢设计[M]．哈尔滨：黑龙江美术出版社，1996．
[6] 过山，杨艳平，陈艳球．系列化包装设计[M]．北京：清华大学出版社，2011．
[7] 胡更生，龚修端，李小东等．印刷概论[M]．北京：化学工业出版社，2005．
[8] 庄景雄．印前　输出　印刷[M]．广州：广东岭南美术出版社，2003．
[9] [美]菲利普·科特勒．营销管理[M]．梅清豪译．上海：上海人民出版社，2003．
[10] 王受之．世界现代设计史[M]．深圳：新世纪出版社，2001．
[11] 斯达福德·克里夫．世界经典设计50例：产品包装[M]．李震宇，王青松译．上海：上海文艺出版社，2001．
[12] 康韦·劳埃德·摩根．包装设计实务[M]．李斯平，赵君译．合肥：安徽科学技术出版社，1999．